科学新视角丛书

新知识　新理念　新未来

身处快速发展且变化莫测的大变革时代，我们比以往更需要新知识、新理念，以厘清发展的内在逻辑，在面对全新的未来时多一分敬畏和自信。

动物会做梦吗:
动物的意识秘境

[美] 戴维·培尼亚-古斯曼　著

顾凡及　译

上海科学技术出版社

图书在版编目（CIP）数据

动物会做梦吗：动物的意识秘境 /（美）戴维·培尼亚-古斯曼著；顾凡及译. -- 上海：上海科学技术出版社，2023.7
（科学新视角丛书）
书名原文：When Animals Dream: The Hidden World of Animal Consciousness
ISBN 978-7-5478-6233-9

Ⅰ. ①动… Ⅱ. ①戴… ②顾… Ⅲ. ①动物心理学 Ⅳ. ①B843.2

中国国家版本馆CIP数据核字（2023）第119568号

First published in English under the title
WHEN ANIMALS DREAM: The Hidden World of Animal Consciousness by David M. Peña-Guzmán
Copyright © 2022 by Princeton University Press
All rights reserved. No part of this book may be reproduced or transmitted in any form or by any means, electronic or mechanical, including photocopying, recording or by any information storage and retrieval system, without permission in writing from the Publisher.
Simplified Chinese edition copyright © 2023 by Shanghai Scientific and Technical Publishers

上海市版权局著作权合同登记号 图字：09-2022-0287号

封面图片来源：视觉中国

动物会做梦吗：动物的意识秘境

［美］戴维·培尼亚-古斯曼 著
顾凡及 译

上海世纪出版（集团）有限公司 出版、发行
上海科学技术出版社
（上海市闵行区号景路159弄A座9F-10F）
邮政编码201101 www.sstp.cn
江阴金马印刷有限公司印刷
开本 787×1092 1/16 印张 14.25
字数 178千字
2023年7月第1版 2023年7月第1次印刷
ISBN 978-7-5478-6233-9/N·259
定价：59.00元

本书如有缺页、错装或坏损等严重质量问题，请向印刷厂联系调换

致　谢

虽然本书封面上只署我的名字，这本书却是科学家卡伦·巴拉德（Karen Barad）所说的"多成员网络（agential network）"的产物。这是一种复杂的结构，最好把这种结构的作用当成是多种因素结合的产物，而不是任何个人有意为之的结果。在这些网络中，各个成员散布各处，因此，即使是网络节点中最靠近中心的成员也绝不能过于自负，它也只不过是众多节点中的一个而已。

我想向使我得以写出本书的许多"节点"表达我的感激之情，首先要感谢两位在无意中推动我最终写下本书的人。第一位是丹雅·奥格斯堡（Tanya Augsburg），她邀请我在2018年动物联盟（The Animal Union）会议上发言，这是我第一次公开提到我对其他物种夜间体验的兴趣，尽管在当时，这种兴趣至多只不过是我脑海深处的模糊念头而已。第二位是马若兰·厄尔（Marjolein Oele），他邀请我在2018年4月到旧金山大学演讲。我利用这一机会对于做梦的科学和哲学做了认真深入的思考，并将我当时尚未定型的兴趣塑造成一种类似于能自圆其说的哲学论文的东西。这次演讲受到了师生的一致好评，这就是我开始考虑写成一本书的原因。

然而，这种想法又让我极为担心，因为我从未做过此类事情，想到我自己的写作风格、我作为作家的声誉、我的研究技能，当然，还有我会被人发现只不过是一名貌似专家的外行，而我之前也确实如此，所有这些令我更为不安和充满恐惧，我决定放弃这一计划。然而，正是拉比·黑格（Rabih Hage）改变了我的想法，他说服我不要逃避挑战。在我第一次真正体会到作家的难处时，他用一位经验丰富的治疗师的技巧，消除了我的恐惧，鼓励我写作。也正是他，以伴侣的慷慨，又以专家的严谨，回答了我所有有关神经科学的问题，同时尖锐地追问我打算如何把其用到哲学上去。不幸的是，这种好意反而害了他，他在一年内忍受了比任何人一生都要多的关于动物及其梦境的夸夸其谈，他以圣人般的耐心忍受了这种痛苦。在整个过程中，他一直身兼数职：我的爱人、朋友、对话者、编辑、知己和批评者。他改进了本书，我也由此得益。我把这本书献给他：我在所有方面的伙伴。

写作可能是一项令人难以忍受的孤单活动，本书的大部分写作都是2020年在法国巴黎闭门不出的一段时期中完成的。这是一段困难时期，我是紧紧依靠我的伴侣、家人和朋友才得以勇敢面对。我与伴侣的日常互动支撑着我，我和母亲、哥哥以及我在墨西哥的大家庭之间的电话让我摆脱了自我，帮助我正确对待，友谊使我恢复了活力。

许多此类友谊直接帮助和鼓励了我，使我得以坚持本书的写作。杰西卡·洛克（Jessica Locke）、奥斯曼·内姆利（Osman Nemli）和我组成了一个写作责任小组，在疫情期间每周开一次会。我从中受益匪浅，知道如何组织本书、不走弯路且实话实说。我感谢他们对不同章节的建设性和批判性反馈。我还要感谢丽贝卡·隆廷（Rebecca Longtin）、乔尔·M. 雷诺兹（Joel M. Reynolds）、亚历克斯·费尔德曼（Alex Feldman）、迈克尔·萨诺（Michael Sano）和黛博拉·戈德加伯

（Deborah Goldgaber），他们都给予了支持。他们的观察、批评和建议对我的思考和写作产生了有益的影响。我要特别感谢丽贝卡·F. 斯佩拉（Rebekah F. Spera），她整理了这本书的索引，并从头到尾编辑了整本手稿，使读者在阅读过程中免受我的某些不良写作习惯之苦。

我还要感谢旧金山州立大学的两个学术团体的成员，他们帮助我在一个热情和合作的环境中整理我的思路：我与阿雷佐·伊斯拉米（Arezoo Islami）共同创立的"意识的历史（Historicity of Consciousness）"阅读小组，以及由劳拉·马莫（Laura Mamo）、马莎·肯尼（Martha Kenney）和马莎·林肯（Martha Lincoln）掌管的"科学、技术与社会中心"（STS HUB）。还应该提到我在文学院的同事们：克里斯蒂娜·鲁托洛（Cristina Ruotolo）、丹雅·奥格斯堡（Tanya Augsburg）、何塞·阿卡西奥·德巴罗斯（Jose Acacio de Barros）、丹尼斯·巴蒂斯塔（Denise Battista）、肖恩·康奈利（Sean Connelly）、卡伦·库普曼（Karen Coopman）、布拉德·埃里克森（Brad Erickson）、玛丽安娜·费雷拉（Mariana Ferreira）、朱迪斯·弗拉舍拉（Judith Fraschella）、劳拉·加西亚-莫雷诺（Laura Garcia-Moreno）、洛根·轩尼诗（Logan Hennessy）、乔治·伦纳德（George Leonard）、莎拉·马里内利（Sarah Marinelli）、玛丽·麦克诺顿（Marie McNaughton）、彼得·理查森（Peter Richardson）、史蒂夫·萨维奇（Steve Savage）、玛丽·斯科特（Mary Scott）、尼克·苏萨尼斯（Nick Sousanis）、克里斯托弗·斯特巴（Christopher Sterba）、肖恩·泰勒（Shawn Taylor）、罗伯·托马斯（Rob Thomas）和斯泰西·祖潘（Stacey Zupan）。如果没有乔治和朱迪·马库斯文科卓越基金（the George and Judy Marcus Fund for Excellence in the Liberal Arts）的物质支持，我不可能完成这本书。该基金资助了我2020年春季的学术休假。

最后，我要向普林斯顿大学出版社的卓越团队致敬。马特·罗哈尔（Matt Rohal）是一位高效、出色、富有同情心的编辑，他信任这个项目，尽管当时我自己对它的可行性仍存有严重疑虑。但他看出本书的潜力，并要求我让这本书连普通读者也能读懂，这对像我这一行（哲学学术界）的人来说很不习惯。米歇尔·罗森（Michele Rosen）不愧为一位优秀的文案编辑，他对细节的敏锐眼光极大地改进了手稿。阿里·帕林顿（Ali Parrington）通过文字编辑和后续制作阶段监看手稿，确保所有相关人员都能在相应截止期之前完成他们的工作。克里斯·费兰特（Chris Ferrante）设计了令人惊叹的封面，而艾玛·伯恩斯（Emma Burns）则在迪米特里·卡雷特尼科夫（Dimitri Karetnikov）的配合下负责各章节内的插图。从让读者更易理解书中相关内容的意思这一角度来说，他们的艺术天赋为本书增添了全新的维度，对此我毫无贡献。

这些人中的每一位都和我一样，都是网络中的一个节点，正是这整个网络使你能看到手里拿着的这本书。尽管如此，书中如发现任何错误都不是他人的错，而只能归罪于我自己。

目 录

致谢　I

引　言　坠入梦乡　001
　　海蒂之梦　001
　　动物的内心　005
　　综合方法　008
　　本书的结构和目的　010

第 1 章　动物梦的科学　013
　　"沉默"的世纪　013
　　电生理学证据：从斑胸草雀到斑马鱼　017
　　行为证据："梦中"动作的启示　025
　　来自功能神经解剖学的证据：茹韦的猫（Les Chats de Jouvet）　035
　　正确看待证据　039

重拾旧日智慧　045

第 2 章　动物梦与意识　046

哲学怪物　046

做梦是意识的充分条件　048

意识的 SAM 模型　052

主观意识：梦中的自我　055

主观存在：梦中世界的表现形式　056

具身觉知（Bodily Awareness）：一种具身梦理论　058

梦依托于主观　061

现代梦科学的起源：背叛弗洛伊德　062

弗洛伊德的归来　065

通往动物情绪的坦途　067

元认知意识：动物能神志清醒地做梦吗　077

清醒梦：规则的例外　079

清醒性的一种两面理论（A Janus-Faced Theory of Lucidity）：

　　A-清醒性与 C-清醒性　081

动物元认知：从概念判断到具身感受　084

梦研究方法的优点　087

第 3 章　动物界中的想象　091

形形色色的想象　091

猴子明白，猴子照做（案例研究 1）　092

  对幻觉的探索 093

  晚间梦，白日梦（案例研究 2） 103

  再谈啮齿动物的认知地图 104

  像大鼠一样思考，像大鼠一样做白日梦 108

  灵魂的音乐 110

第 4 章 动物意识的价值 112

  关注伦理问题 112

  意识与道德 114

  进入优先（Access-First）的方法：争论的另一面 122

  梦的道德力量 132

  伦理结语 138

结 语 动物主体，世界构建者 140

  是什么把我们分隔了开来 140

  是什么将我们联系在了一起 144

注释 147

参考文献 184

译后记 207

引 言

坠入梦乡

> 梦中偶闻滴答声，
> 夜幕传出轻拍声，
> 凌晨 4 点醒后思。
>
> ——安妮·卡森（Anne Carson）[1]

海蒂之梦

《和章鱼打交道》(*Octopus: Making Contact*)[2]是美国公共电视网（The Public Broadcasting Service，PBS）系列节目《自然》(*Nature*)第 38 季的第 1 集，摄制者向观众承诺，这是一次罕见的章鱼内心之旅，在宣传上被说成是"尽我们之所能最接近于会见一位外星人"。这部长达一小时的纪录片的主角是海蒂（Heidi），一只雌性章鱼［蓝蛸（Octopus cyanea）］，它和该片的解说员、阿拉斯加太平洋大学（Alaska Pacific University）生物学家戴维·谢尔（David Scheel）住在一起。与大多数圈养章鱼不同，海蒂既不住在水族馆，也不住在实验室，而是住在谢尔位于安克雷奇的私人住宅里。这是一个由室友、其他动物和研究助理组成的完美组合。

《和章鱼打交道》讲述了章鱼的故事，它并非希腊哲学家亚里士多德在公元前 355 年所称的"愚蠢的生物"，而是一种聪明、天生好奇、个性独特的生物，它能识别同类并解决复杂问题。片子从头到尾都把章鱼表现为一种有意识的主体（agent），当人观察它时，它知道自己在被观察，而更重要的一点是，它会毫不犹豫地反过来进行观察。谢尔说道："当你看着它时，你会觉得它好像也在看你，这并非幻觉。它是在反过来看你。"

在纪录片接近结尾时，海蒂正在水箱里睡眠，谢尔报道说："昨晚，我目睹了一些我以前从未在录像中见过的事情。"接下来是一分钟惊人的长镜头。在片子里，海蒂起初平静地休息着，但几秒钟后，它的皮肤亮了起来，呈现出一系列引人注目的多彩图案，每一个图案都比上一个更迷人。谢尔所指的"事情"可能就是章鱼梦。

然后，谢尔引导观众去看海蒂的每一个引人注目的表现，并指出："你几乎可以同时解说它的身体变化以及它的梦。"

表现 1
海蒂的皮肤从一片不变的雪花石膏白色变为闪烁的黄色，还带有橘黄色斑点。"看，它睡着了，看到一只螃蟹，它的颜色开始有点变化。"

表现 2
从这些光彩夺目的黄色和橘黄色调开始，海蒂的皮肤又变为一种深而刺眼的紫色，这种紫色非常深，以至于在一瞬间，我们无法将它的身体和深蓝色背景清楚地分辨开来。谢尔解释说："通常在成功捕杀之后，章鱼在离开海底时会这么做。"

表现 3

然后，海蒂的皮肤变成了一系列浅灰色和黄色，不过这次的颜色纵横交叉、无序地分布在许多条状突起和尖角之上，这是它皮肤上突起收缩而成的纹理副产品。"这是一种伪装，就像它刚刚抓到了一只螃蟹，正要坐下来大快朵颐，而不想让任何人注意到它[3]。"

然后，镜头转向谢尔本人，他神采飞扬地说："这真是太迷人了……如果它在做梦的话，那就是它正在做着的梦。"

一夜之间，海蒂成了家喻户晓的明星。几天之内，数千人在社交媒体上分享了它做梦的视频，各大新闻媒体纷纷报道此事。同时，观众们也被迷住和惊呆了。它的睡眠表现令人震惊，是名副其实的皮肤万花筒。但这究竟是什么意思？在这一系列色彩和纹理变化之下，海蒂自己在想什么，或是感受到什么？正如伊丽莎白·普雷斯顿（Elizabeth Preston）在《纽约时报》（New York Times）上所说的那样，"章鱼几乎一点都不像人，所以关于海蒂究竟在做什么，人们又能真的精确地说出多少呢？"

上述发现向人们提出了一些更大的问题：当非人类动物睡眠时，或者正如诗人安妮·卡森所说，当"夜幕传出轻拍声"时，它们的头脑里发生了些什么？它们有没有体验过人类在夜间经历过的清晰的梦境，就像莎士比亚所说的"大脑有闲时的产物"那样的东西呢？还是它们的头脑在心灵上陷入一片空白，根本就没有任何意识体验？不仅仅是章鱼，还有鹦鹉、蜥蜴、大象、猫头鹰、斑马、鱼、狒狒、狗等其他动物，真的能做梦吗？如果真是那样的话，那么在有关究竟哪些生物会做梦，以及它们如何做梦的问题又能告诉我们些什么呢？如果回答是否定的话，这是否意味着梦可能是将我们人类与其他动物区分开来的认知界线。人类是否就如西班牙哲学家乔治·桑塔亚纳（George

海蒂在睡眠时连续呈现了 3 种不同的彩色图案,可能是因为它在梦中狩猎和吃猎物

Santayana）所想的那样是"做梦的动物"[4]。

本书讲的就是这些问题。

动物的内心

尽管几千年来人类一直对其他动物可能的梦境着迷[5]，但直到2020年才发表了第一篇以动物做梦为主题的现代科学论文。在《比较神经学杂志》（*Journal of Comparative Neurology*）上发表的一篇题为"所有哺乳动物都做梦吗？（Do All Mammals Dream?）"的文章中，生物学家保罗·曼格（Paul Maer）和杰罗姆·西格尔（Jerome Siegel）对只有人类才在睡眠时会做梦的说法提出怀疑，他们想知道做梦是否是哺乳动物的普遍特征。做梦就是社会学家尤金·霍尔顿（Eugene Halton）所说的"心灵每晚都要演示的内心意象"[6]那样的神奇精神事件，这可能是我们与所有其他哺乳动物所共有的。我将在第1章中讲讲这一哺乳动物中心假说，但在目前我想强调的是，这篇文章在动物睡眠研究领域中以其与众不同而备受瞩目：这是科学期刊上唯一一篇明确地把"梦"和"做梦"这两个术语用到智人以外的动物的文章[7]。

要说清楚的一点是，这并不是唯一一篇阐明动物在睡眠时内心和身体内部发生了什么的文章。在过去一个世纪里，生物学家、心理学家和神经科学家在破解动物睡眠密码方面取得了重大进展，使我们对动物无论是在睡眠还是觉醒这两个不同阶段的体验有了更充分的了解。然而，在历史上，这些专家一直回避用梦这个字来描述他们的发现。相反，他们宁愿使用诸如"梦行为（oneiric behavior）"[8]和"内心*

---

* "mental"可以译成"心理""精神""思想""智力"等，不过原书在用到"mental"这个词的时候，往往是相对于外部行为而言，所以在这些场合，译者将其译为"内心"，而在另一些地方则译为"精神"，这只是译者自己觉得读起来比较容易理解和顺。是否妥当，请读者自己判断。——译者注

回放（mental replay）"[9]之类在现象学*上更模棱两可的术语，这使得他们能够详细地讨论动物睡眠的机制、调节睡眠的生物学过程、入睡的生理变化、睡眠时的神经化学变化，等等，而不需要对研究中的任何动物在睡眠周期的任何时候是否真的主观体验到任何事情采取立场。由于他们坚持不可知论，使用这些术语的结果就是排除了由动物可能做梦所提出的一些哲学上最有意思的问题，尤其是有关意识、意向性（intentionality）和主观性的问题。

在本书中，我以当代动物睡眠研究为基础，说明科学家所说的睡眠动物的"梦行为"和"内心回放"，应该被解释为动物真实体验到内心产生的梦境流（即使时间很短暂）的结果。我认为，如果要想反驳这种现象学解释，就得同时抱有两种相互矛盾的信念：一是许多动物在睡眠中表现出的运动和神经活动模式与公认为人做梦指标的运动和神经活动模式是一样的；二是当这些动物的内部在进行这些活动时却什么也感觉不到、毫无感受，也一无所思。这几乎需要让人相信，当动物进入睡眠状态时，动物的思维就会神奇地消失不见了；一旦进入海普诺斯王国（kingdom of Hypnos）**，它们脚下就会裂开一道深渊将其吞没。虽然这一立场并不一定就不合逻辑，但仔细查看实证数据就会发现它是站不住脚的。即使科学家不愿谈论动物的梦（比如，出于在科学上持谨慎态度的原因），但他们的发现却恰恰指向了这个方向。

我担心的是，除了表现出有问题的双重标准外[10]，这种不愿谈论动物梦的态度助长了更深的文化偏见，使我们虐待动物合理化。在一篇关于动物意识的重要文章中，认知动物行为学（cognitive ethology）

---

* 粗略地说，现象学（Phenomenology）是对体验和意识结构的哲学研究，目前还没有公认的定义。其基本思想是，试图尽可能客观研究通常被视为主观的主题，这些主题是意识和意识体验的内容，如判断、知觉和情绪。尽管现象学力图科学化，但它并未从临床心理学或神经学的角度研究意识。相反，它寻求通过系统的反思来确定体验的本质属性和结构。——译者注

** 海普诺斯（Hypnos）是希腊神话中的睡眠之神。——译者注

之父唐纳德·格里芬（Donald Griffin）将这种偏见称为"精神恐惧症"（mentophobia）——害怕将动物也视为有自己心智的生物[11]。这种恐惧使我们将动物视为可供食用的食物、大量可供役使的劳动力、可供利用的资源，以及可供医学或科学研究养殖和解剖的标本，如此等等，就是不把动物当作按自己的方式生活、感受和思考的生物。精神恐惧症影响着社会生活的各个方面，同时格里芬认识到它对科学界施加了特别强大的压力，当科学家拒绝承认他们所研究的动物也有复杂的精神状态（尽管有大量的证据支持这一点）时，这种压力就很明显地表现了出来。正是因为这种精神恐惧症，我们大多数人继续像哲学家诺尔曼·马尔科姆（Normal Malcolm）臭名昭著的话所表达的那样，把动物视为"没有思想的畜生"，也就是说，只会吃、睡、死的生物，这些生物从未与世界有过有意义的认知、情感或存在主义（existential）的联系[12]。一旦主观地把动物归入此类，它们的命运就注定了。对于一个没有思想的畜生来说，有许许多多事是指望不上的，其中之一就是能做梦[13]。

然而，当你观看阿拉斯加最著名的头足类动物展览时，感觉上就像目睹了两种主观现实的碰撞——一方面是人，而另一方面则不是。海蒂华丽的变形几乎让我们人类觉得似乎得以进入另一种动物的内心世界这一过于人性化的领域，这是一个既诱人又神秘的现实领域，自远古以来人类观察者一直无法进入。也许动物梦的现象学可以解释这是为什么。如果我们在观看海蒂的表现时，感觉到我们正在面对另一个似曾相识但同时又陌生的主观现实，这可能是因为在它的皮肤表面上有节奏地变化着的色带表明其在做梦，就像我们将在本书中遇到的其他无数动物的梦一样，这些梦本身就是一种无可辩驳的迹象，表明在我们的世界旁边，存在着无穷无尽的其他世界—完全"他者"的、非人类世界。神秘的、陌生的、不为人知的动物世界。

非人形的世界。

非人类中心的世界。

综　合　方　法

有专家担心，认同动物会做梦会赋予动物人类特有的能力而使其拟人化。在他们看来，动物研究人员应该坚持科学哲学家彼得·温奇（Peter Winch）所说的只对行为进行"外部描述"，至于动物的内心问题还是留给与他们立场不同的同事——哲学家来考虑吧[14]。为了捍卫这种智力劳动上的分工，他们提出了许多论点。有时，他们会援引"摩根准则"（Morgan's canon）的权威观点，说我们必须选择从动物行为这一最简单的角度来看的解释[15]。有时，他们会诉诸哲学上的"他者心智问题"（problem of other minds）*，坚持认为我们不能声称动物有内心生活，因为我们无法直接接触到它们对世界的第一人称体验[16]。然而，在其他时候，他们提到语言问题。他们说，在缺乏共同语言的情况下，我们无法就其他动物如何做梦、何时做梦、为什么做梦，甚至是否做梦做出实证上有意义的断言，更不用去谈论假定的梦中体验的性质、结构和质量了。归根到底，如果梦不是一种无法观察到的精神事件，那么我们只能根据主观语言报告来加以推断，而动物又不能提供此类报告，那么梦又是什么呢？

无论这种观点听上去有多么吸引人，它都基于下列观点：对梦的科学研究完全或主要依赖于搜集、分析和解释对梦的报告。当然，研

---

* 也可更简洁地译为"他心问题"，其意思是说由于意识的主观性和私密性，只有主体本身能确切地知道自己的感受，其他对象无法分享这种感受。例如，我看到的红颜色和你看到的红颜色是否相同？这是无从知道的。我们只能通过比喻来解释，比如说看到了国旗的那种红颜色。但是"国旗的那种红颜色"究竟是什么样的颜色，也只有说话的本人才能体会到。——译者注

究梦的科学家已经从人类做梦者的口头报告中学到了很多东西，并且还在继续学习。这些口头报告告诉我们，当我们"离线"时，我们的心智和身体在做什么。但是自20世纪80年代以来，大部分梦研究并非完全（甚至主要）基于对语言报告的分析，而是基于对梦体验的神经和行为的相关性研究，也就是说，研究与梦的主观体验相对应的脑活动和身体行为。只要稍微对当代人的梦研究做点调查，就可以发现有一个广阔的、跨学科的、快速发展的领域，专家们专注于找出人梦现象学的神经标志［例如，脑桥膝枕（ponto-geniculo-occipital，PGO）波］[17]和行为标记（例如，快速眼动，其英文缩写为"REMs"）[18]。

我们无法与其他动物交谈，虽然这肯定会制约我们对它们梦中体验的了解，但并不妨碍我们对它们做梦的能力做出有意义的、实证上合理的断言，甚至不妨碍我们思考这种能力对今后有关动物意识、动物情感和动物伦理的学术辩论的可能影响[19]。事实上，在本书中，我使用了一种综合方法（integrative method）来提出这样的主张。扼要讲来，这种方法包括两点：

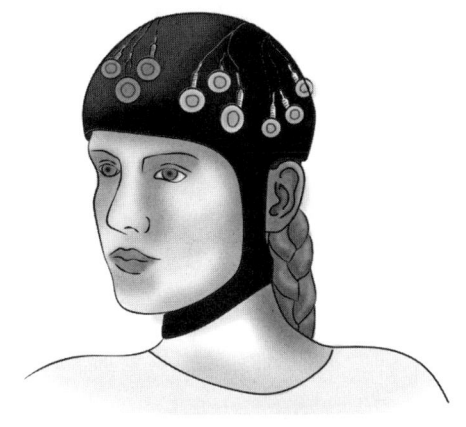

虽然在梦科学研究中，语言报告仍然是一种有价值的工具，但许多当代梦研究通过使用脑电图（EEG）、功能磁共振成像（fMRI）和正电子发射断层扫描（PET）来分离出与梦有关的神经回路。图中，一名女性戴着脑电图电极帽准备做实验

1. 调研有关动物睡眠的实证文献，以找出可能和其他动物梦中体验有关的文献。

2. 结合来自现象学、意识哲学和动物认知哲学等领域的概念工具和资源，从哲学视角解读这些发现。

使用这种方法，我可以认真对待实证数据，同时就这些数据的含义提出重要的哲学问题。因为，正如我们将要看到的那样，这些数据究竟意味着什么的问题还有待探讨[20]。

本书的结构和目的

在日常生活中经常与动物打交道的人——动物爱好者、农民、兽医、动物保护活动人士等，可能会被下列想法逗乐：有人居然会写整整一本书去讲述一件在他们看来显而易见的事，那就是我们与许多其他动物一样都会做梦。但持有这种信念是一回事；在科学的基础上加以阐明是另一回事；而分析其哲学含义则又是另外一回事。在接下来的章节中，我会同时做这3件事[21]。

在第1章"动物梦的科学"中，我从动物睡眠研究中，梳理出动物在睡眠周期的关键阶段进行"现实仿真"（reality simulations）的证据。即使考虑到在方法和概念上存在某些局限性，但绝大多数证据都支持了一个结论：人类并非地球上唯一的做梦者。

在第2章"动物的梦和意识"中，我对第1章中所给出的证据的哲学意义进行了讨论。在这里，我介绍了意识的"SAM"模型，它区分了3种类型的自我觉知*："S"代表主观（subjective，体验的感知方面的核心内容），"A"代表情感（affective，带有情感色彩地体验事

---

* "觉知"是英语术语"awareness"的一种翻译，有不少科学家认为它是"意识"（consciousness）的同义语，但是也有科学家认为两者之间还是有一点微妙的差别。关于这两者之间的关系还没有定论。本书中经常同时用到这2个术语，因此，译者就采取了不同的译名，否则如翻译到"conscious awareness"（有意识的觉知）之类时就不太好办了。——译者注

件），而"M"代表元意识［metaconscious，有能力自返（reflect upon）思考自己的精神生活］。在梦的现象学理论的指导下，我断言所有做梦的动物都必然有主观意识，大多数（如果不是全部的话）也有情感意识，少数还可能有元意识。

在第 3 章"动物界中的想象"中，我通过强调梦的想象特征，将对动物意识的讨论提升到一个更高的层次。鉴于梦必须要有感觉（视觉、触觉、听觉等）意象，做梦的生物必须具备心智，即哲学家乔纳森·一川（Jonathan Ichikawa）所说的"想象力"（imaginative capacities），比如创造力、幻想和虚构（make-believe）。我要探讨在梦中是如何表现出这些能力的，同时将梦当作更为广义的想象的一部分，除了做梦之外，还包括幻觉、白日梦和心智游移（mind-wanderings）*。

在第 4 章"动物意识的价值"中，我从伦理层面进行了讨论。从伦理角度来看，动物梦重要吗？在大多数伦理框架下，答案是肯定的，因为意识被认为决定了哪些实体具有道德地位，而哪些没有。在这里，我以哲学家奈德·布洛克（Ned Block）著名的意识理论为出发点，阐述了梦为何孕育着我所说的"道德力量"（moral force）的新观点。因此，梦从道德上来说是重要的，因为梦揭示了动物既是道德价值的载体，又是道德价值的来源，这也就是说，动物是重要的，而且它们也有对它们自己来说重要的事**。

在本书最后简短的结语"动物主体，世界构建者"中，我对其他动物的主观性，以及是什么将我们与它们联系在一起，又是什么将我们与它们区分开来，谈谈总结性的想法。本书的核心就是要谈人和其他动物之间的同与不同、联系与区别的矛盾。我认为，如果处理得当，

---

* 通俗些说，就是思想开小差。——译者注
** 请教作者之后，此处的意思是：动物本身就有价值，并且它们也会评估事物对它们的价值。——译者注

这种矛盾可能有助于解决当代关于动物心智和动物体验的争论，并使我们质疑我们对非人类同伴的一些更为可疑的假设，这样，我们就可以一起重新研究该怎样看待动物，而不再是把它们看作是我们的一种从进化、认知、形而上学，甚至从精神上来说都极为低等的版本，历史上我们是一直这样认为的，故此应该还其本来面目，把它们看作其自身就有完整意识、不容侵犯和应该受到尊重的主体。

第1章

动物梦的科学

由于狗、猫、马,可能还有所有的高等动物,甚至鸟类,都有生动的梦……,因此我们必须承认它们有一定的想象力。

——查尔斯·达尔文(Charles Darwin)[1]

"沉默"的世纪

关于动物梦的科学争论至少可以追溯到19世纪末。紧随查尔斯·达尔文的《物种起源》(*Origin of Species*)和《人类的由来》(*Destination of Man*)两本书的出版,进化论得到越来越多的支持,其支持者们开始传播这样一种观点:动物拥有许多此前被认为只属于人类的心智能力,包括做梦的能力。

苏格兰医生威廉·兰黛·林赛(William Lauder Lindsay)是最早支持这一想法的人之一,他在1879年出版的《健康与有病低等动物的心智》(*Mind in the Lower Animals in Health and Disease*)一书中对此进行了有力的辩护。林赛引用经典和当代关于做梦动物的报道,认为做梦并不是智人的专利。在题为"梦与幻觉"的一章中，他对狗睡眠时头脑里发生了什么说了以下几点：

> 说到狗，尤其是运动犬，如猎犬，人们已经注意到下面这样的事实，或可得出以下推论：正如塞内卡（Seneca）和卢克雷修斯（Lucretius）很久以前所说，它们似乎会在梦中捕猎。在睡眠过程中，它们的尾巴和爪子会动，也会做出嗅气味、咆哮和吠叫的动作。有充分的理由相信，在运动犬的睡眠中，经常会在想象出来的游戏中作想象中的追逐。这种假想出来的追逐会引起实际的生理和精神上的兴奋，例如，包括由此立即引起的激动和喘息，这种兴奋有时会使动物醒来[2]。

这并不局限于一两个品种的狗。他接着说：

> 就像猎犬在梦中追逐想象中的猎物一样，牧羊犬或其他狗也会在睡梦中担心想象中的敌人，或者可能会扑向想象中的苍蝇或其他害虫。换句话说，在睡眠或梦境中，它们似乎参与了想象中的争斗、游戏、追逐和攻击[3]。

他在这一章中接着描述了马、鸟和猫等各种动物的睡梦状态，并对梦、错觉和幻觉之间的关系进行了巧妙的分析。对林赛来说，梦是动物具有复杂心智的有力迹象。

在维多利亚时代的鼎盛时期，人们普遍相信动物会做梦。当时在欧洲和北美兴起反活体解剖运动，公众对动物地位的态度也在迅速改变[4]。在这种情形下，人们对动物的精神和情感生活越来越产生兴趣的条件成熟了。在当时的科学家中，这种兴趣表现为对各种各样有关动物体验的主张普遍持开放态度，其中一些主张比其他主张更具有实证性，这也包括关于动物睡眠时会发生什么的主张。这种信念如此广泛，以至于达尔文的门徒、进化生物学家乔治·罗马尼斯（George Romanes）在其1883年的杰作《动物的心智进化》(*Mental Evolution in Animals*)一书中热情地引用了林赛的动物梦理论。

在这本被大西洋两岸的读者们津津乐道的书中，罗马尼斯比林赛更进了一步，他断言，做梦证明动物具有德国哲学家伊曼纽尔·康德（Immanuel Kant）100年前断然否认的能力：想象力[5]。做梦证明动物具有罗马尼斯所说的"第三级想象力"[6]，这使动物能够"独立于外界的任何明显线索、无中生有地"形成心理意象[7]。在罗马尼斯看来，梦见某物和想象某物需要同样的心理操作，因为在这两种情况下，心智都会产生某种实际上并不存在的意象，并将其当作是真实的存在。他总结道，做梦"构成了属于……第三级想象力的确凿证据"[8]。来自安大略省金斯顿的这位生物学家坚持这种观点，并不是在挑战他那个时代的精神，而是体现了这种精神。

1888年，也就是在《动物的心智进化》刚出版5年后，通俗杂志《世纪》(*The Century*)上发表了一篇关于梦、噩梦和梦游症的文章，其中包括有关动物梦的一节。在被称为跨物种梦理论捍卫者的专家中，既有林赛和罗马尼斯等不太知名的人物，也有像查尔斯·达尔文这样的名人[9]。一年后，加拿大生物学家韦斯利·米尔斯（Wesley Mills）出版了他的名著《动物生理学教程》(*Textbook of Animal Physiology*)，其中包括对动物梦，尤其是狗梦的大段讨论。同年，智商测试的发明者、法国心理学家阿尔弗雷德·比奈（Alfred Binet）在《心理学年刊》(*L'Année Psychologique*)杂志上对几本关于做梦的书进行了评论，其中包括意大利心理学家桑特·德桑蒂斯（Sante De Sanctis）的书《梦：心理学研究和临床研究》(*I sogni:*

Studi Psicologici e Clinici），这本书用了整整一章的篇幅介绍德桑蒂斯对饲养员、农民、猎人和马戏团训练员的采访，请他们介绍有关"高级动物"，如狗、马和鸟做梦的问题[10]。

有关动物也会做梦的思想可能深深植根于19世纪的文化和科学猜想中，但这种思潮最终退潮了。由于几项发展，尤其是行为主义心理学的兴起，始于19世纪70年代的支持动物心智复杂性的浪潮，在短短几十年的时间里演变为对任何动物认知的普遍怀疑[11]。在进入20世纪之后，生命科学转而采取了一种更冷淡、更漠视的态度，导致新一代科学家与前人保持距离，并指责他们将人类的能力推广到了动物身上[12]。到了20世纪30年代，许多19世纪博物学家的热门话题——动物推理、动物语言、动物情感、动物游戏，当然还有动物梦，都已在科学上为人所不齿，而且在很长一段时间里一直如此。我把从20世纪初到20世纪80年代的这段时间称为"沉默的世纪"，因为在这段时间里，关于动物意识的讨论陷入停滞，我们的科学文化直到今天还在试图摆脱这种停滞。

值得庆幸的是，来自各个领域的科学家已经开始将其中一些主题作为科学研究的合法对象。自20世纪90年代以来，关于动物情绪的研究发展迅速，关于动物认知的实证和哲学研究也是如此。不幸的是，动物梦的话题并没有这么幸运。截至本书出版，也就是在林赛的《健康与有病低等动物的心智》出版近150年后，科学界中的主流仍然认为动物梦（更不用说对此也可以进行实证研究了）是一种拟人化的想法，也就是说，这是一种浪漫而非科学的幻想，误导我们将人类的特征推广到非人类身上。许多专门研究梦的科学家就是这样看的，而在动物睡眠专家中则几乎普遍如此[13]。

具有讽刺意味的是，在过去30年里，生命科学已经得出大量证据，表明我们19世纪的先辈对有关动物心智作用的思想可能是正确的，用詹妮弗·邓伯特（Jennifer Dumpert）的话来说，也就是"当睡眠变得稀奇古怪时会发生什么呢"（at the edges of sleep）[14]。在本章中，我对这些证据进行了归类和分析，将其分为3类：电生理学、行为学和神经解剖学方面的证据。如果解释得当，这些证据表明我们的错误并不在于在19世纪将人类和其他动物的精神活动视为某种连续谱，而在于我们在20世纪抛弃了这种连续的观点，因此，我们对动物的看法变糟了。与我们的生活相比，我们开始认为动物的生活是如此贫乏、乏味、简单和低级，以至于我们自欺欺人地使自己相信动物不可能拥有我们所拥有的有意义的内心世界。那是我们的错。

电生理学证据：从斑胸草雀到斑马鱼

无声之歌

2000年，生物学家阿米什·戴夫（Amish Dave）和丹尼尔·马戈利亚什（Daniel Margoliash）在《科学》（Science）杂志上发表了一篇报道，描述了他们对斑胸草雀（Taenopygia guttata）的研究，斑胸草雀是原产于澳大利亚的雀形目鸟类。这些鸟类面临的进化挑战之一是：它们必须从父母和兄弟姐妹那里学习鸣唱，因为这不是天生的[15]。以前对鸟鸣的研究一直集中在研究这些鸟在醒着时是如何模仿和记忆曲调的，但戴夫和马戈利亚什想知道睡眠是否也会在鸟儿学会鸣唱中发挥作用。睡眠能帮助幼鸟将它们从家庭成员那里听到的声音模式内在化，并将它们保存到长期记忆中去吗？这些鸟儿中是否至少有一部分是通过睡眠时在脑海中进行练习而学会歌唱的呢？

为了检验这种可能性，戴夫和马戈利亚什进行了一项实验，他们记录下一组幼雀睡眠时在"鸟鸣系统"[前脑核粗壮纹状体（forebrain nucleus robustus archistriatalis）]中发生的神经激活模式。通过分析这些模式，他们发现在睡眠过程中，斑胸草雀的脑在两种状态之间来回切换：一种是持续但低水平的神经活动状态，并无任何特别之处；另一种则是有规律地每过一段时间就自发地产生高水平的簇发放。就这一发现本身而言，并没有什么特别的原创之处，因为它只是再次证实了之前发表过的有关鸟类睡眠的研究报告：睡眠时的神经活动周期性地分为高低两个阶段（哺乳动物的睡眠也是如此）。然而，戴夫和马戈利亚什随后决定记录这些鸟雀在醒着时练习歌唱时出现在同一脑区的神经模式，并将其与睡眠时发生的模式进行比较。他们的发现令人震惊。

他们发现，醒着时歌唱动作所引发的模式与睡眠期间突然以高水平神经活动簇发放为特征的模式在结构上完全相同。这足以使他们认识到，当斑胸草雀在白天歌唱时，其脑活动和它们在睡眠期间进入高神经激活时期完全一样，它们的神经元以同样的组织方式发放。这种匹配非常完美，以至于作者们意识到他们可以逐个音节地在这两种模式之间找到对应关系，不，是在音符上逐一对应起来。他们由此得出结论，斑胸草雀不仅通过在醒着时大声练习歌唱［播放（play）］，而且还通过睡眠时在不发出啁啾声的情况下在精神上重放［回放（replay）］。他们写道，"回放会在整个歌唱系统中产生协调一致的活动，类似于在不实际发声和没有知觉的情况下歌唱[16]。"

有人可能会说，睡眠中鸟鸣系统的激活是斑胸草雀梦中歌唱的证据。奇怪的是，戴夫和马戈利亚什反对这种解释。相反，他们认为，他们在雀科动物身上观察到的回放只不过是执行某种计算过程而已（用他们的话来说就是某种"算法实现"），这一过程是在斑胸草雀并无意识觉知的情况下进行的[17]。在他们看来，雀鸟不会体验到这种回放，就像我的笔记本电脑并不能体验到正在运行 Adobe Reader 或 Microsoft Word 软件一样，因为回放本身只是一种脑状态，它完全没有奈德·布洛克所说的"体验特性"。坦率地说，这并不伴随有现象学[18]。

斑胸草雀在醒着歌唱时脑活动的模式与在睡眠状态下默唱时显示的模式相互匹配。这种匹配非常完美，科学家可以逐个音符地将这两种模式对应起来

在我看来，并不能由数据中必然得出这种算法解释，这种解释是强加在数据之上的，而且，我还应该补充一句，这样做并没有太多的理由。目前还不清楚为什么戴夫和马戈利亚什要从算法上解释回放，尤其是正是他们自己的发现表明，斑胸草雀确实在睡眠中以第一人称视角（first-person perspective）*有所体验。

我认为，有两个证据不利于计算主义，而支持现象学。一个证据是时间性。戴夫和马戈利亚什除了发现播放和回放在结构上的相似之处外，还发现了时间上的相似之处。这些雀鸟在醒着时歌唱的时间和在睡着时默唱的时间大致相同。这一点很重要，因为没有明显的理由要求计算过程也需要在与机械地重现主观体验相同的时间尺度上运行。这种时间上的平行性可能是由于和动物的生活经历有共同的现象学基础的结果。如果这些动物在醒着时唱歌的时间与在睡眠中回放歌曲的时间相

---

* 第一人称视角是指主体体验自己的内心活动所得，这一术语相对于第三人称视角，后者是主体把自己当作一位第三者冷眼旁观其他客体的视角。——译者注

同，这可能是因为播放和回放都是类似的主观体验的具体例子[19]。

另一个证据是具身化（embodiment）*。戴夫和马戈利亚什注意到，不仅脑参与了回放表演，还有身体，尤其是喉咙也参与其中。在回放过程中，鸟儿的声带像在真唱时一样舒张和收缩，这只能意味着一件事：当鸟儿在睡眠中默唱时，它们也在做真唱这首歌时所需的身体动作。诚然，声带的这种运动不会发出任何声音，但发生运动这一事实表明，动物在回放过程中提取的回忆必然要在身体动作上有所表现。在回放过程中，动物记得的并非歌曲的内容（that），而是记得怎么唱（how）。在记忆怎么唱的过程中，斑胸草雀很可能有真正的听觉体验，因为它们脑的听觉区域就像圣诞树一样星星点点地亮了起来。在睡眠的极度沉寂中，睡着的鸟似乎"听到"了自己的歌声。

因此，我同意戴夫和马戈利亚什的观察，即回放发生在没有"发声"的情况下，但不同意他们的主张，即回放发生在没有"知觉"的情况下。两者之间有着巨大的差别。发声是一种客观状态：动物们歌唱了吗？它们产生声波了吗？感知是一种主观状态：它们听到一首歌了吗？它们体验到声音了吗？我对实验结果的解读是：这些鸟没有歌唱，原因很简单，因为它们没有发出声音，但它们确实听到了歌，我称之为"无声之歌"。它们静静地听着，就像我们在自己梦中听到喧闹的声音，如爱人的声音、树叶的沙沙声、远处教堂的钟声一样。不幸的是，戴夫和马戈利亚什没有看到这一点，因为他们坚持对回放的计算主义解释，我认为这导致他们忽略了自己发现的现象学意义。斑胸草雀不仅通过睡眠来记忆歌曲，还通过做梦来记忆歌曲。正如17世纪诗人约翰·德莱登（John Dryden）在1665年的戏剧《印度皇帝》（*The*

---

* 粗略地说，具身化就是指精神活动不可能脱离肉体，精神活动会在肉体活动上有所表现。——译者注

Indian Emperor）中所写："梦中的小鸟在重唱它们的歌。"

空间梦

尽管戴夫和马戈利亚什关于鸟类睡眠过程中没有知觉的说法可能会引发对动物做梦的怀疑，但在2001年麻省理工学院（MIT）的肯威·路易（Kenway Louie）和马修·威尔逊（Matthew Wilson）所进行的一项研究中，我们发现了一种新的方法，可以替代戴夫和马戈利亚什对回放的算法解释。在麻省理工学院学习与记忆中心工作期间，路易和威尔逊试图更好地了解睡眠如何影响大鼠的记忆和空间推理。为了做到这一点，他们决定研究大鼠在醒着和睡眠时如何在内心处理空间任务。

他们之所以选择空间任务，是因为大鼠和人类一样，在海马中有一个复杂的空间映射系统，该系统由CA1锥体细胞组成，这些细胞映射动物的物理环境，根据动物在空间中的位置而有不同的发放方式[20]。当一只大鼠在被映射的环境中占据X位置时，一组特定的CA1细胞就会发放；但当大鼠移动到Y位置时，一组不同的CA1细胞开始发放。关键的一点是，如果大鼠随后回到X位置，与最初发放完全相同的同一群CA1细胞将再次发放。只要大鼠的物理环境保持相对稳定，研究人员就可以完全基于海马激活信息，以极高的精度精确定位大鼠的物理位置。通过追踪海马的活动，路易和威尔逊可以追踪大鼠醒着时的物理位置，以及大鼠在睡眠时自以为占据的位置[21]。

实验开始时，让一组大鼠熟悉某个高架环形跑道，训练它们"从一个起始位置跑到一个目标位置，以获得食物奖励"[22]。一旦大鼠熟悉了这一路径，路易和威尔逊就追踪海马体中的单细胞活动，并记录它们运动时CA1锥体细胞激活的特定模式，由此定出"动物在该环境中执行任务时的行为顺序"[23]。他们称这种模式为"奔跑（RUN）"，因为它是由跑向奖品时的动作产生的。然后，他们想知道与 RUN 相关的锥体细胞激活模式是否会在快速眼动睡眠（REMs）期间再次出现，因此他们让大鼠在跑步后小睡片刻，并在睡眠时记录海马的活动。他们称第二种模式为"REM"，因为它发生在大鼠处于快速眼动睡眠状态时。因此，在这种情况下，RUN 和 REM 指的都是神经模式：前者与醒着时真实地在跑道上跑动有关，而后者则与快速眼动睡眠时在内心回放这一动作有关。

那么，路易和威尔逊知道了些什么呢？与戴夫和马戈利亚什关于鸟鸣的发现相呼应，他们发现 RUN 和 REM 是彼此的镜像，这意味着当大鼠入睡时，他们可能梦到了刚刚完成的空间测试。此外，路易和威尔逊发现 RUN 和 REM 的展开速度"大致相同"[24]。正如斑胸草雀在睡眠时默唱的时间与它们在醒着时歌唱的时间相同一样，大鼠也以与 RUN 类似的时间尺度展开 REM，以分钟到秒为单位。无论从结构上还是从时间上来说，"REM 都是 RUN 的重演[25]"。

这就是使事情变得有趣的地方。从技术上来讲，路易和威尔逊只是重复了戴夫和马戈利亚什关于醒着时和睡眠状态在结构和时间上相似性的发现，但他们对这些相似性的解释却截然不同。戴夫和马戈利亚什认为斑胸草雀的回放是一种无意识的算法过程，没有体验特性，而路易和威尔逊则认为大鼠的回放是一种现象学上丰富的体验，换句话说，是一场梦。他们说，对大鼠来说，回放一定是某种活生生的现实，因为它取决于过去的经历，而且从结构和时间上精确地反映了这种经历[26]。与现象学上的空虚状态（hollow state）不同，回放是一种真正的主观体验，"尽管 REM 中并没有在 RUN 过程中驱动其独特神经模式的明显感觉运动线索[27]。"即使并没有在醒着时在跑道上奔跑时的任何感觉运动线索（例如来自环境的视觉信息、对脚下地面的感觉以及跑道末端食物奖品的气味），睡眠中的大鼠体验到在朝奖品跑去。它们生成了一种"重新激活"或"重新构建"醒着时行为的内部仿真[28]。当然，在睡眠中重建醒着时的行为就是梦到这种行为，所以这相当于说大鼠梦到了在跑道上奔跑[29]。

让我们把下面这一点讲清楚：路易和威尔逊与戴夫和马戈利亚什之间的争论并不是一场科学争论，而是一场哲学争论。问题的关键是大鼠究竟是一种什么样的生物。它们只是执行算法的毛茸茸的小"计算机"呢，还是具有内在现象学的有意识主体，也就是有知觉、能感受和思考的主体？这并不是一个光靠实验就能解决的问题，这就是为什么这些研究人员虽然可以同意这些事实，但对这些事实的最终含义却持有不同见解。他们分歧的症结体现在他们用来描述他们之所见的术语上："算法实现"与"内部仿真"。第一种看法将回放完全置于心智的计算主义理论的范围内，而第二种看法并不将回放描述为一种大鼠脑无意识运行的程序，而更多的是将其看成是一种大鼠在睡梦中全身心投入其中的体验[30]。

从空中、陆上到水下：鱼的梦

2019年，一个由斯坦福大学的 L. C. 梁（Louis C. Leung）领导的美、法、日国际科学家团队在《自然》杂志上发表了一篇题为《斑马鱼睡眠的神经标记》(Neural Signatures of Sleep in Zebrafish) 的文章。像所有硬骨鱼一样，斑马鱼没有新皮层，这使得研究它们行为的神经相关集合（neural correlates）*有点棘手。但是它们有一个背侧皮层（dorsal pallium），现在鱼类学家认为它在功能上和哺乳动物的新皮层相当。

---

* 通常译为"神经相关物"，但是"物"往往使人误以为一定是个实体，例如某个特定的脑区，但是实际上这个术语指的是与此有关的神经组织及其活动模式的最小集合，因此改为今译。——译者注

通过研究不同条件下背侧皮层的激活，梁和他的团队发现斑马鱼有两种睡眠状态。一种状态是"慢簇波睡眠"（slow bursting sleep，SBS），它与哺乳动物、鸟类和爬行动物的慢波睡眠具有相同的重要生理特征，例如低频但同步的神经活动，以及眼睛、心脏和呼吸活动减慢。另一种状态是"传播波睡眠"（propagating wave sleep，PWS），这种状态让人想起哺乳动物的快速眼动睡眠[31]。在 PWS 期间，背侧皮层有高频但不同步的活动，以及加快但不规则的心脏活动。这种状态也以脑桥中脑端脑（ponto-midbrain-telencephalic，PMT）波为特征，作者认为这是脑桥膝枕（PGO）波的鱼类版本，而 PGO 波标志着包括人类在内的哺乳动物 REM 睡眠的开始。令作者们自己感到震惊的是，他们发现斑马鱼甚至也有黑色素浓集激素神经元（MCH neuron）*，这些神经元是在 PMT 波开始之前就被激活的特殊细胞，在功能上与哺乳动物中产生 PGO 波的 MCH 神经元相同[32]。梦专家马克·索姆斯（Mark Solms）在其新作《隐藏的源泉：探寻意识之源之旅》（*The Hidden Spring: A Journey to the Source of Consciousness*）一书中讨论了 PGO 波作为人类梦现象学驱动力的重要性。梁和他的合作者告诉我们，这些波并没有使人类显得特殊，因为它们的一个版本也可以在至多只能长到 4 厘米长的小鱼身上找到，这些小鱼与人类从进化史上来说相隔 3.8 亿年以上[33]。

这里值得注意的是，尽管哺乳动物和鱼类有着不同的进化历史和不同的脑结构，但它们的睡眠结构却非常相似。就像哺乳动物有深度睡眠和快速眼动睡眠一样，鱼类也有 SBS 和 PWS。哺乳动物的 REM 睡眠和鱼类的 PWS 之间有着惊人的相似性：在这两种情况下，都有

---

* "MCH neurons" 是 "melanin-concentrating hormone neurons"（黑色素浓集激素神经元）的缩写。这种神经元分布于下丘脑，并投射到整个脑，以调节睡眠或觉醒。破坏 MCH 神经元会增加清醒程度。——译者注

一种独特的神经标记，一种独特的脑波，分别将它们与非 REM 睡眠和 SBS 区分开来；在 REM 和 PWS 这两种情况下，脑波都是由 MCH 神经元激活引起的；这些脑电波都是从脑桥开始，最终达到一种全脑状态，此时显示出一种可以和醒着时的体验相比较的"一致性指标"（coherence indices）。这些相似之处支持了甚至是对鱼来说的 PWS 的现象学解读，尤其是考虑到梁所承认的 PWS 本身具有无可否认的"类觉醒特征"。

遗憾的是，梁和他的同事在文章的开头和结尾都声称他们不可能知道如此细致描述的神经标记是否有体验相关性（experiential correlates）。显然，对于他们确定的睡眠阶段是否有主观成分，从鱼的角度来看它们是否可以有所感受或体验，他们不愿意表明立场。人们不禁会想，他们是否会反对斑马鱼对世界也有其自己的主观锚定（subjective anchoring），有它们自己的观点[34]。

行为证据："梦中"动作的启示

法国神经科学家米歇尔·茹韦（Michel Jouvet）指出，要想理解梦不仅需要对脑活动进行分析，还需要分析与睡眠相关的行为。行为证据可以阐明一个有机体的睡眠周期是否有阶段性、有机体的身体在特定的睡眠阶段如何与脑互动，甚至有机体如何体验做梦状态。

动物行为的视频记录为做梦提供了令人信服的证据。例如，网上有无数关于睡眠动物的视频，其行为方式暗示着有梦境体验。视频网站 YouTube 上充斥着表现动物睡着时"与醒着时类似表现"的视频，其中包括睡眠跑步、睡眠狩猎和睡眠交配。其中有一个视频名为"狗梦"，显示一只狗静静地侧卧着，几秒钟后，两条腿开始抽搐，再过几秒钟，运动加剧，其他肢体连同整个身体也慢慢逐渐抬起，然而狗仍然躺着，也仍然在睡眠，然后完全进入奔跑状态，好像在追逐某个目标。这种行为非常协调，也执行得很好，以至于狗最终醒了过来，站起来，在迷茫中，跑着一头撞到了墙上[35]！观众看到的是一条困惑不解的狗，因为它的周围环境并非它梦到的那种环境。

其他视频显示了猫、大鼠、兔子和章鱼的类似行为。

重温海蒂之梦

我在引言中介绍过海蒂在睡眠中改变颜色的视频，该视频在2019年首次播出时可能已经激发起公众的想象，但事实是，并非所有人都同意谢尔的说法，即这些变化可能反映了一种梦的体验。

《纽约时报》援引剑桥大学两位动物智能专家尼古拉·克莱顿（Nicola Clayton）和亚历克斯·施奈尔（Alex Schnell）的话说，这些资料并不足以支持这一结论。克莱顿说，我们根本不知道"海蒂的颜色变化序列是否与它清醒时的体验相符"。像谢尔那样说海蒂在做梦，"这只不过是猜测罢了"。她的同事施奈尔同意并提醒读者，科学家有义务对动物的行为选择一种最简单的解释，这是动物研究中的方法论原则，被称为"摩根准则"[36]。他们认为，在现在这种情况下，我们并不需要带有认知或现象学成分的解释，因为生理学解释也一样可以。不要说海蒂在做梦，让我们把自己局限于我们确实知道的事实中，那就是控制其变色器官的肌肉在收缩[37]。

我同意克莱顿和施奈尔有关我们在解释动物行为时需要小心的观点，特别是当处理"最近乎像外星人那样的动物"时。但我不同意他们的假设，即最简单的解释总是最合适的。谨慎本身并不要求我们回避以认知、心理或现象学概念为特征的解释。是的，让我们坚持事实，但首先要问究竟是哪些相关事实需要解释。

回想一下，海蒂变色很快：颜色从洁白的雪花石膏色变成了带有橘黄色斑点的黄色，再变成有午夜蓝镶边的深紫色。显然，控制它变色器官的肌肉正在收缩，否则就不会表现出多彩的变化。这是事实，但这里也有其他事实在起作用。每次表现都一样。每次表现都是突然的、全身性的、稳定的，与清醒时的表现有着重要的相似点。如果把这些表现的序列作为一个整体来考虑，那么这种表现的先后次序也总一样。这一序列和人们期望看到的章鱼在大白天捕食螃蟹的一连串行为完全相符。这些也是事实，它们也需要解释。为什么每次表现都如此连贯一致？为什么这个序列如此有组织？如果我们依然坚持纯粹的生理解释就已完美无瑕，那么我们就会对这些事实视而不见，从而放弃了对这些现象做出更令人信服、当然也更复杂的解释的可能性[38]。

如克莱顿所说，海蒂梦见吃螃蟹的假设可能只是一种猜测，但这并非日常意义下的随机猜测，从认识论上讲，后者和掷硬币不相上下。这是一种科学哲学家所说的"最佳解释推理"（inference to the best explanation）意义下的猜测，这是一种论证方式，首先确定相关事实，然后选择对所有相关事实的最佳解释。这种猜测容易出错，但这并不能说明它就不科学，恰恰相反，它的易错性正是其科学性之所在。

海蒂的表亲：乌贼

我承认，关于睡着的动物的视频不太可能解决关于动物精神活动的理论争议，因为这些视频很少控制可能可解释其结果的变量＊，而且往往可以做各种不同的解释。但如果把这些视频看成是大量密切相关的证据中的一部分时，它们就支持了19世纪林赛的主张，即人类并非地球上唯一会做梦的生物。即使把这些视频中的每一个单独挑出来

＊ 在作者给笔者的释义中指出，这是由于这些视频并非科学实验，因此没有对变量加以控制。——译者注

加以考虑，它们也很重要，因为很难将它们表现出来的行为和无梦睡眠联系起来。这些行为协调得太好，不可能是随机的，也太连贯而不可能没有现象学。这些反应远非随机的运动输出，它们似乎是动物对引起此类行为的情况所做的有意反应［或如生物学家迈克尔·蔡斯（Michael Chase）和弗朗西斯科·莫拉莱斯（Francisco Morales）所称的"整合行为（integrated behaviors）"[39]］，此类行为也有着相当合理的生物学和心理学意义。我们人类可能永远都不会知道这些情况究竟是什么，因为我们无法进入另一个动物的梦境。但问题并不在此。重要的是，这种情况对所探讨的动物来说是确实存在的，对于由此引起的行为（睡眠奔跑、睡眠发声、睡眠交配、睡眠咀嚼等）组织，一个更合理的解释是将它们视为对具体而有意义的情况的有意反应，而不是对外部或内部刺激的无心反应（brute reaction）[40]。

尽管如此，视频记录所能告诉我们的只能到此为止。幸运的是，这些视频并非动物做梦行为的唯一证据来源。实验表明，许多动物都表现出和人一样的"梦行为"。

对人来说，我们把这种梦行为看作是做梦体验的可靠标志，通常发生在人睡眠周期的一个阶段，非常可能是快速眼动睡眠期，从统计上来说，这是人类睡眠周期中最有可能做梦的阶段[41]。

这项研究的一个很好的例子是2012年宾夕法尼亚大学的科学家们对乌贼进行的研究。和章鱼一样，乌贼也是头足类动物，有着复杂的神经系统和复杂的由带有色素的细胞构成的色素细胞系统（chromatophoric system），可以让它们迅速隐身到周围环境中。在睡眠神经科学专家马可斯·弗兰克（Marcos Frank）的领导下，这个研究团队对这些无脊椎动物是否睡眠以及它们的睡眠周期是均一的还是阶段性的问题产生了兴趣。为了找到答案，他们将一群乌贼引入"睡眠室"，这是在乌贼所居的水箱中最适合它们休息之处，并记录其几天内的行为，在此期间始终监视 3 个变量：动物是活跃还是不活跃；眼睛是睁开还是闭着；触手是动的还是静止的。

从收集到的数据中，他们得出了两个主要结论。首先，乌贼经历了一种"完全静止的状态"，可以观察到这种状态明显地不同于它们醒着时的状态，类似于哺乳动物的睡眠状态。其次，这种状态并不均一，而是可以分为两个不同的阶段：一是完全静止的阶段，没有任何运动输出（乌贼类似于深度睡眠的状态）；二是相对静止的阶段，包括阶段性运动活动，如"触须扭动、眼球运动和非随机色素细胞活动"（乌贼快速眼动睡眠期的类似物）[42]。在第二阶段，"眼睛似乎在紧闭的眼睑下快速移动，色素细胞活动突然增强，触手末端卷曲和扭动[43]。"鉴于乌贼睡着了，弗兰克和他的合作者解释说，这些行为一定是"内源性的，而不是由外部刺激驱动的[44]"。也就是说，它们一定是乌贼内心活动的结果，而并非由外界使然。

值得注意的是，作者明确指出，乌贼在相对静止阶段表现出的色素细胞活动（chromatophoric activity）模式"似乎并非不受控制和不协调的神经元随机发放[45]"，路易和威尔逊在为大鼠梦做辩护时也指出了这一点[46]。相反，这些模式有清晰的结构。在睡眠中，乌贼表现出与识别同种动物相同的"身体模式极化（polarization）[47]"。换句话说，它们在 REM 睡眠过程中形成了与觉醒时遇到熟悉的乌贼时相同的裂体（split-body）色素模式*。

我认为，这些梦行为浑然一体，也太像觉醒时的行为了，这使我们很难说它们就没有任何主观或现象学意义。然而，弗兰克和他的同事不愿意承认有这样的意义，而是强调他们的研究不支持乌贼做梦的

---

* 在这里"身体模式极化"和"裂体"都是指乌贼的身体分成了颜色和模式都很不相同的两部分。在乌贼醒着时，这种变化通常都意味着发生了特殊事件。——译者注

假设。然而,他们这种解释的根本理由不同于戴夫和马戈利亚什,后者明确持有对睡眠的反现象学解释。就弗兰克和他的同事而言,他们只是声称对动物睡眠的现象学是"不可知"的。他们认为,他们无法确定乌贼显示的色素细胞活动是否真的表现出"与觉醒时相关的表现",因为他们在研究中没能追踪所有与觉醒有关的变量[48]。如果手头没有觉醒时的数据,这些动物在它们的 REM 版本的睡眠过程中是否主观地体验到了什么,这对任何人来说都只是一种猜测。我们根本无从知道。

乍一看,弗兰克和他的同事们似乎只是行事谨慎,不下无根据的结论,但我有两个理由对他们不愿谈论乌贼睡眠现象的行为提出怀疑。第一,即使他们没有追踪觉醒变量,但是许多其他专家却追踪过这些变量。他们的发现证实了动物在 REM 睡眠期间动脉压和心率会突然大大升高。人类、猫、狗和老鼠等哺乳动物都是如此[49]。鱼也是如此,当鱼进入睡眠状态时,它们的内部生物钟会触发新陈代谢放缓,其特征是心跳和呼吸节律减慢[50],但在它们的睡眠周期中,也有特定的时刻,代谢过程的快慢会被逆转,它们的心脏和呼吸活动会突然且持续地大大升高[51]。这些升高很可能是感受体验的生理标记,它们可能也是做梦的良好指标,因为它们通常与做梦序列的非生理指标关系密切,它们的出现时间"与海马 θ 活动、PGO 波和一连串眼球运动密切相关"[52],而所有这些活动都是人类梦现象学的典型标记。第二,弗兰克及其同事从未考虑过即使在缺乏觉醒数据的情况下,他们的发现也可能预示着睡眠行为和觉醒表现之间的相似性[53]。简而言之,睡眠乌贼的色素细胞系统需要几近统计奇迹的东西,才能使这个由数以百万计的色素细胞构成的系统,碰巧会有规则地显示受控的极化模式,尤其是所说的模式属于该物种的正常行为程式,并且与有明确进化和社会意义的情况有关,例如识别同种。

如果我们仔细观察他们的工作，很快就会发现弗兰克和他的同事意识到了这个问题，但不知道应该如何处理。这就是为什么在声称乌贼在睡眠时的表现"不太可能"精确反映它在觉醒时的表现后，他们立即后退了一大步，承认并"不能完全排除"这种可能性[54]。"因此很可能，"他们写道，"在静止期间观察到的非随机色素细胞激活也许与脊椎动物 REM 睡眠期间可能出现的激活模式相似[55]。"在某一处，他们甚至与其他许多研究动物睡眠的专家一样，把他们所研究的动物的睡眠行为称为"做梦一样的行为（oneiric）"，而要这样说，只有在这些行为是做梦的结果时才有意义。

黑猩猩的"梦话"

我要讲的最后一项是 1995 年由灵长类动物学家金伯利·穆科比（Kimberly Mukobi）进行的研究，他对圈养黑猩猩的夜间活动产生了兴趣，但有关这种活动的研究很少[56]。穆科比开始研究中央华盛顿大学黑猩猩与人类交流研究所（Chimpanzee and Human Communication Institute at Central Washington University）的 5 只黑猩猩瓦休（Washoe）、莫嘉（Moja）、塔图（Tatu）、达尔（Dar）和卢利斯（Loulis）在夜间看护人员离开并熄灯后的行为。

穆科比在黑猩猩的围栏里安装了 5 台摄像机，并在多个晚上观察熟睡的黑猩猩（甚至花更多时间一再观看她制作的 160 多个小时的录像）。她由此得出结论，当太阳落山后，黑猩猩的生活活动并没有停止，并一直持续到凌晨。黑猩猩在夜间继续它们马基雅维利*式的权力斗争，这可能是因为在众目睽睽之下，黑暗为培养强势的玩家、巩固

---

* 尼科洛·迪·贝尔纳多·德伊·马基雅维利（Niccolòdi Bernardo dei Machiavelli）是一位意大利外交官、作家、哲学家和历史学家，生活在文艺复兴时期。他最著名的是他的政治论著《王子》（The Prince），他声称政治家为了统治需要不择手段，不讲道德，搞种种阴谋。——译者注

现存的友谊以及宣示新的效忠提供了完美的掩护。即使它们睡着了，也有明确的社会逻辑在起作用。穆科比证实了20世纪60年代简·古道尔（Jane Goodall）在贡贝溪流保护区（Gombe Stream Reserve）的观察，她发现黑猩猩对晚上与谁同床共枕并非漠不关心。他们中的大多数选择睡在最好的朋友旁边，就像达尔和卢利斯的情形一样，它们几乎总是睡在"彼此伸手可及"的地方。对于我们的目的尤为重要的是，穆科比还记录了黑猩猩几种睡眠行为，这些行为表明，我们最亲密的进化表亲在做梦。

几只熟睡的黑猩猩在半夜表现出"手指和手扭动"的动作[57]，穆科比将其解释为是它们在梦中"说话"的证据。穆科比之所以能够从观察黑猩猩的手扭动立即得出它们在说梦话的结论，这是因为作为抚育计划的一部分，她教过她所研究的所有黑猩猩美国手语（ASL），使它们能够与驯兽员甚至在它们彼此之间进行交流。因此，穆科比观察到的扭动是在睡眠中打手势，或者更具体地说是发信号，是在睡眠中"说话"的ASL版本[58]。

在整个实验过程中，黑猩猩除了做出的许多不完整的ASL手势外，穆科比还报告了4个完整的ASL手势的例子，它们显然符合灵长类动物学家用以识别、分析和解释灵长类ASL交流的"PCM标准"。"PCM"中的P表示身体上做手势的部位（place）、C表示手和手指的配合（configuration），M表示在做手势过程中手和手指的运动（movement）。在这里，值得详细引用穆科比的话：

关于这4个手势，瓦休做了一个符合PCM标准的手势"咖啡"（COFFEE）。部位在双手内侧（拇指侧），配合为右手做抓物状，左手为松开的拳头。而运动包括做抓物状的右手绕着呈"C"字形的左手转动，双手同时举向天花板。卢利斯在两个不同的场合以手的运动做出符合 PCM 标准的手势"好"（GOOD）。第一次，部位是在他的嘴边，配合的是放松的"8"形左手，动作包括将左手放到嘴边并轻触两次。第二次，部位和配合是一样的，但这次他用的是右手而不是左手。动作则是轻触一次而不是两次。卢利斯还做了一个符合 PCM 标准的手势"还要"（MORE）。部位在置于身体前面的右手指尖处。配合的是左手呈放松的曲线形状，运动是让左手快速地敲击右手指尖数次。最后一个观察是达尔做的一个手势。这个手势的部位就在他面前。配合是左手呈松散的"C"字形，动作包括从身体处上举到空中（他是躺着的），短暂停顿一下，然后再次朝着身体落下。但由于这些动作不在达尔学过的任何满足 PCM 标准的手势之中，因此未将其列为手势[59]。

为了让它们的行为成为完善的手势，黑猩猩必须将手放在身体的正确部位，手指要配合正确，并按照规定（也就是说，按照公认的 ASL 规则）移动手和手指。用我最喜欢的例子来说，瓦休的手势"咖啡"包括将双手放在胸前，每只手的手指搭配成不同的形状，并在一段时间内协调双手的运动。纯粹靠碰运气很难做出这些动作[60]。

不过，这些行为的意义还不是太清楚，由于穆科比没有记录黑猩猩夜间的大脑活动，因此无法确定这些行为是在黑猩猩处于快速眼动睡眠时发生的。她写道，"这些黑猩猩可能在睡眠时说话、思考，甚至做梦[61]。"尽管她不能保证黑猩猩睡着了，但她确信它们睡着了。"没有什么线索，比如深呼吸（有时打鼾）和闭上眼睛。"此外，这些手势发生的总体背景非常不典型：

> 通常当黑猩猩做手势时（除了塔图，她会在看着杂志时对自己做手势），它们会向某人做手势，通常是它们想要告诉的对象。

被圈养的黑猩猩在睡梦中用 ASL 手势"说话"。在这里,瓦休做"咖啡"这个词的 ASL 手势,包括用右手做拈物状,用左手做"C"字形,当两只手都从胸部向天花板移动时,前者还绕着后者转圈

但在夜间的情况下,它们并不对谁做手势,再加上它们双眼紧闭,呼吸规律,这让我觉得它们正在睡眠[62]。

她说,它们大概也在做梦。穆科比引用了梦话与做梦相关的证据,"梦话并不局限于以说话为主要交流形式的人[63]。"她解释说:

有报道称,听力障碍人士在睡眠时会做手势(Raymond, 1990)。此外,卡斯卡顿(Carskadon, 1993)指出,手指运动可能是听力障碍人士在睡眠中说话或思考的另一个迹象。思维的运动理论(motor theory of thinking)认为,言语器官中某些离散的肌肉活动与思维密切相关。卡斯卡顿用这一理论来说明，手指的离散运动也可能与思维有关。马克斯（Max, 1935）报告说，睡着的失聪受试者比听力正常者表现出更多的手指肌电图（EMG）活动。他还发现，听力障碍和语言障碍人士手指活动的增加常发生在他们报告做梦的时候[64]。

如果人类的睡眠手势是做梦的标记，那么为什么非人灵长类动物的睡眠手势就不是呢？穆科比甚至报道说，她观察到她所研究的一只黑猩猩达尔在半夜踢腿和喘息中醒来。"一种结论是，它听到有噪声从大楼外面传来，把它吵醒了，导致了这种表现。然而，在录像带上听不到明显的奇怪声音。"她回忆道，"另一种结论可能是，这种表现是做梦或噩梦结束后的延伸或'表演'[65]。"

来自功能神经解剖学的证据：茹韦的猫（Les Chats de Jouvet）

怀疑论者总可以申辩说，即使其他动物做梦，从哲学的许多重要方面来说，它们的梦仍然与我们的梦不同。也许它们的梦不像我们的梦那样生动、有高清电影般的质量，或者有叙事结构[66]。如果确是这样的话，人们可以承认这些动物在睡眠中体验到各种各样的感知*状态（phenomenal states）（例如看到颜色、闻到气味或听到声音），但仍然拒绝将这些体验称之为"梦"。例如，如果动物在夜间之所见最后被证明只是一些孤立的感知状态，而不是连贯的叙事，那么有人可能会说，

---

* "phenomenal"往往被望文生义地译成"现象的"，"phenomenal"确实有这一种解释，但是正如我国语言学前辈吕叔湘先生所说"英语不是汉语"，在英语词汇和汉语词汇的意义之间并不存在一一对应关系。在"phenomenal"的多种语义中还有一个是"感觉得到的，可知觉的"（见陆谷孙主编的《英汉大词典》）。在本书中的"phenomenal"都是这种含义，因此译为"感知"。不仅是此处，后面还要讲到的"phenomenal consciousness"也是如此。——译者注

它们更接近于我们在刚入睡时所体验到的意象，或者我们在中暑衰竭时所体验到的那种幻觉，而不是真正的梦。

人类和其他动物的梦之间是否存在着这样质的差异呢？显然，我们无法询问动物梦见到了什么，因此，我们很难断言它们的梦是否以一连串因果相关的事件和关系组织成一个前后连贯的叙事。然而，早在20世纪60年代的功能神经解剖学研究表明，情况可能正是这样。动物的梦境并不只是一连串互不相关的感知状态，它似乎是一串动作，正好可以清楚地讲述一段故事。就叙事结构而言，它们的梦和我们的梦可能并没有多大不同。

稍前我提到过米歇尔·茹韦的主张，即要想深入研究梦的神经生理学机制需要仔细分析梦的行为。茹韦是20世纪最重要的梦研究者之一，也是在该领域中为数不多的敢于直言动物梦的专家之一。20世纪50年代，他开始对梦感兴趣，当时已经知道哺乳动物的睡眠可分为皮层脑电图（EEG）的低活动期和高活动期，后者与可观察到的快速眼动相关。然而，当时的科学共识是，快速眼动睡眠只是一种"轻度睡眠"形式[67]，在此期间，做梦者的头脑中没有发生任何有意思的事情。当我们入睡时，我们的头脑和身体都有效地"关机"了，只满足维持生命所需的最低生物需求。照这种说法，那么在睡觉的时候，我们命悬一线。在这种状态下，我们承受不了执行认知、意向性或意识觉知等非必需的高级功能。每当我们入睡时，我们实际上都陷入了某种精神深渊，而在醒过来时又不知怎样地一跃而出。这一共识促使20世纪50年代的梦研究人员将睡眠者整晚定期出现的REMs解释为某种无意义的行为噪声，即在没有明显理由的情况下由睡眠引发的随机身体运动。

茹韦不同意这种观点。他认为快速眼动睡眠不是"轻度睡眠"，而是一种"异相睡眠（paradoxical sleep）"[68]。简而言之，其自相矛盾之处在于：在快速眼动睡眠期间，身体几乎完全处于不活动状态（表明没有潜在的主观体验），但大脑皮层与觉醒有知觉时一样活跃（表明有意识觉知）。这种既缺少运动而同时皮层活动又非常活跃的情况需要有一种理论来加以解释，茹韦声称，我们只有认真考虑快速眼动睡眠是做梦睡眠的可能性，才能得出这样的理论，正如佩内洛普（Penelope）在《奥德赛》(*Odyssey*)*中所哀叹的那样，在睡眠周期的这个阶段，我们面临着"既不可能又模糊不清"的事情[69]。

茹韦的下列主张发人深思，他断言我们在异相睡眠期观察到的REM"并非反映运动神经元无序变化时产生的一种附带现象"，而是"深藏神经系统某处的既有结构又成一体的运动行为的一个部分"[70]。在快速眼动睡眠期，睡眠者在精神上回放某个统一的行为程序。由于睡眠会产生生物化学变化，导致睡眠者处于肌无力（atonia）状态，由之不能随意地控制运动，从而使该程序不会在外表上表现出来。这些变化将行为程序"锁定"在睡眠者内心深处。在大多数情况下，REM是该程序中唯一能够摆脱这种抑制过程并得以在外部表现出来的成分。但茹韦强调，REMs只是这个程序的一个部分，仅为冰山一角而已。

茹韦在20世纪50年代和60年代对家猫做了一系列实验，他使抑制潜在运动程序表达的神经机制失活，由此证明确实存在着这种没有表现出来的运动程序[71]。他相信如果只抑制与快速眼动睡眠相关的诱导肌无力的机制，而不损害快速眼动睡眠本身的完整性，那么他就可

---

*《奥德赛》据传是古希腊诗人荷马写的24卷史诗，讲的是伊萨卡国王奥德修斯（Odysseus）的故事，他在特洛伊战争后在外流浪了10年，最终回家时只有他忠实的狗和一名女仆认出了他。在儿子特勒马科斯的帮助下，奥德修斯杀掉了所有妄想追求他忠实妻子佩内洛普的追求者和这些追求者所买通的几个女佣，最后重登王位。——译者注

能把本来无法表现的程序解放出来，从而允许睡眠者"表演"它们的梦。为了验证这一点，他切除了一组猫脑桥网状结构的背外侧部分，因为研究表明，这种大脑结构的损伤会抑制肌无力，但不会抑制快速眼动睡眠。

结果令人震惊。当脑桥损伤的猫进入快速眼动睡眠时，它们确实"表演"了自己的梦。它们站起来，喵喵叫，四处走动，梳理毛发，探索周围的环境。它们表现出开心、愤怒、恐惧、探索，甚至性欲高涨的情形。有些猫凝视着空旷的空间，好像要潜近猎物，准备突袭，而另一些猫则在它们的围栏周围奔跑，全力与假想的敌人厮打，宛如毛茸茸的小唐·吉诃德（Don Quixote），然而它们在这样做时却一直在熟睡之中[72]！这些行为执行得很好，猫并没有失去平衡或灵活性，因此茹韦说，他可以很容易地将其行为与醒着时的典型表现相比较，由此推断每只猫在做什么梦。当一只猫在用"两只前爪试图捕捉某个想象中的物体"时是否也在扣动牙齿？它可能是在做梦捕猎。另一只猫是否在快速地多次用爪子扑向"空中"，同时它的"耳朵向后耷拉，嘴巴张开准备撕咬"？那只猫可能在做梦打架[73]。

茹韦强调指出，看看猫所处的客观环境，这些行为并没有明显的目的，因为在实验室里，既没有真正的猎物可捕，也没有真正的敌人要战而胜之。只有把这些行为和猫的梦境以及在梦中展开的激烈场景联系起来考虑，才显出其功能性和目的性。因此，这些行为都表明一种主观构成的现实，这个现实只存在于猫的头脑之中，这是一种清楚地被编造出来的现实。我对此的解读是：茹韦的研究表明，动物在睡眠中经历了复杂的生活体验，而不仅仅是原始感觉的随意组合。这是一种统一的知觉到的现实——也就是人类学家德里克·布里尔顿（Derek Brereton）[74]所称的"视觉脚本（visual scenarios）"，在这些脚本中，情节一个接着一个相继展开，编织成一个故事。

米歇尔·茹韦实验室的一只猫在手术切除脑桥中负责肌无力的神经元后与假想的敌人搏斗。可悲的是,这只猫表现出了所有遇险和焦虑的行为迹象,例如张开嘴咬,把耳朵向后耷拉,用前爪拍打空气

正确看待证据

目前,很难说清楚在动物界有多少动物有做梦的体验,因为虽然我们对有些动物的睡眠模式已经有了很多了解,但对其他动物却几乎一无所知。此外,什么是做梦的证据仍然是一个悬而未决的问题,尤其是对智人以外的物种而言。

在本章中,我们分析了根据电生理学、行为学和神经解剖学研究而得到的实证证据,但即使是这些证据本身也向我们提出了概念上的挑战。对电生理数据往往可以做不同的解释。很难根据这些数据得出关于主观体验的结论,尤其是即使处于极为不同的脑状态时却可能有相同的主观体验。例如,人类在入睡时,无论是在快速眼动睡眠期还是非快速眼动睡眠期，甚至在觉醒状态下都能体验到梦境，尽管这些状态下的脑活动并不完全相同[75]。同样，行为数据也可能靠不住。一方面，一些与睡眠相关的行为并非梦中体验的可靠指标，否则就会导致假阳性。另一方面，我们习惯于期望其他动物的梦行为就像我们的梦行为一样，尽管我们其实应该根据此行为是否对动物本身有意义来加以判断（例如猫的胡须快速运动）。这种期望很可能导致了许多假阴性[76]。最后，虽然神经解剖学数据在关于认知的辩论中发挥了核心作用，但我们不确定神经解剖学相似性究竟能起多大作用，尤其是考虑到具有不同神经组织的生物体可以执行类似的认知功能。

这些确实都是对我们的挑战，但并非无法克服。单独拿其中一种证据来看，电生理、行为和神经解剖学的发现可能并不完全令人信服，但这些发现合在一起则构成了一个强大的证据网络，支持有关动物梦的以下结论：

1. 许多动物都经历过某种类似于米歇尔·茹韦所称的"异相睡眠"的睡眠状态，这种状态正是人类通常在做梦时的睡眠阶段。

2. 在睡眠的这一阶段，动物在精神上回放醒着时的表现。

3. 这种回放通常与它所重现的觉醒行为在同一时间尺度上展开。

4. 这种回放具有唤醒特征（心跳、呼吸、血压等的变化）。

5. 回放常常和梦行为联系在一起，这种行为需要协调动物的整个运动系统 [如睡中奔跑（sleep-running）] 或部分运动系统（如 REMs）。

6. 在正常睡眠条件下，并非所有与梦相关的行为都会表现出来，但可以通过使抑制其表现的脑过程失活的方法而使之表现出来。

7. 最好把动物的梦行为解释为它对无论从肉体上还是从精神上来说有意义的生活场景的反应，而不是对物理刺激的机械反应。

难于在沙中划线：从哺乳动物开始

但所有这一切都解决不了哪些动物会做梦的问题，这是一个极其难于回答的问题。就目前情况来看，哺乳动物最有可能。2020 年，保罗·曼格和杰罗姆·西格尔在《比较神经学杂志》(The Journal of Comparative Neurology) 上发表了一篇文章，他们在文章中认为，哺乳动物做梦的可能性非常大，因此我们现在应该问的问题是：是否有不做梦的哺乳动物（他们对这个问题的回答是肯定的）？但是，正如他们很快就指出的那样，答案取决于我们对做梦和快速眼动睡眠之间的关系究竟是持一种"严苛"(hard) 的立场，还是持一种"宽松"(soft) 的立场。严苛的立场认为只有在快速眼动睡眠期间才会做梦，而宽松的立场则认为无论在快速眼动睡眠或非快速眼动睡眠期都可能做梦。如果我们采取严苛的立场，一些哺乳动物（单孔目动物、鲸目动物和鳍足动物）将被排除在外，而另一些动物（非洲象、阿拉伯大羚羊、岩羚和海牛）则处于两可之间[77]。如果我们采取宽松立场，唯一被排除在外的哺乳动物可能只有鲸目动物，这是唯一一种其睡眠表型在逻辑上与任何类型的梦都不相容的生物目 (biological order)。他们说："在所有的哺乳动物物种中，鲸目动物似乎最不可能在睡眠中经历任何形式的内心表征 (mental representation)，而这种表征很容易被定义为做梦[78]。"

我不会试图说服任何人采取这两种立场中的任何一种，因为无论我们采取哪种立场，我们都还是得对曼格和西格尔的所谓问题（"所有哺乳动物都做梦吗？"）做肯定的回答。除了少数可能的例外，所有哺乳动物都做梦。当然我们不能漠视这些例外情况，但它们从总体上说似乎无关紧要，尤其是我们要记得《哺乳动物学杂志》(Journal of Mammalogy) 最近的一篇文章中的一个估计：现存的哺乳动物物种有

6 000 种以上[79]。

哺乳动物只是动物界中的一个分支。如果我们看一下电生理数据，很可能会发现鸟类和鱼类也会做梦。行为数据表明，所有种类的动物都表现出梦行为。这些动物包括哺乳动物，如小鼠、大鼠、兔子、狗、猫、黑猩猩[80]、负鼠[81]、鸭嘴兽[82]、针鼹[83]、松鼠猴[84]和白鲸[85]；鸟类，如斑胸草雀[86]、鸵鸟[87]、企鹅[88]、猫头鹰[89]、鸽子[90]、秃鹰[91]、鸡[92]；爬行动物，如澳大利亚龙[93]、变色龙[94]、鬣蜥[95]和蜥蜴[96]（对鳄鱼[97]和龟[98]还没有定论）；头足类动物，如乌贼[99]和章鱼[100]。在最后这一类动物中也发现有梦行为的现象特别令人震惊，因为这意味着梦可能至少在两个门（脊索动物门和软体动物门）中独立进化。如果真是这样的话，这将对当代的梦研究产生巨大的影响。这将否定米歇尔·茹韦的假设，即异相睡眠仅限于恒温动物（鸟类和哺乳动物）[101]，以及生物学家伊达·卡尔马诺娃（Ida Karmanova）的较为激进但知者较少的假设，即异相睡眠也存在于变温动物（鱼类、两栖动物和爬行动物）中[102]。如果头足类动物能够做梦，那么内源性的连贯做梦在整个动物界中肯定比以前想象的要广泛得多，跨越进化距离之广几乎是难以想象的[103]。

即便如此，不可避免的事实是，我们最终还是会达到某个极限。我们可以毫不犹豫地说，哺乳动物和鸟类都会做梦，章鱼也是如此。但是，当我们在生命之树无边无际的枝丫之间漫游时，梦的假设慢慢地对某些物种不再适用。黑猩猩会做梦吗？会。章鱼呢？也会。我们可以把这扩展到鱼吗？很可能。那么蚂蚁、蜜蜂和海绵又怎样呢？突然间，连续性让位给了不连续性，因为我们感觉到自己已经越过了一条界线，即使我们不能确切地说清楚是在何时何地越界的。医生安德鲁·弗赖伯格（Andrew Freiberg）指出了这个问题，他写道："梦可能是人类和其他灵长类动物，甚至是所有哺乳动物睡眠的重要功能，但很难想象可以将这一功能扩展到蚯蚓和萱草（daylilies）[104]。"

我不会自诩要在本书中解决这个问题。自从达尔文的《物种起源》出版以来的150年里，生物学教给我的一条主要道理就是自然界中没有泾渭分明的分界线，我怎么能这样做呢？但让我们不要失去正确判断的能力吧。即使我们没有一条清晰的分界线来区分做梦的动物和不做梦的动物，但我们发现我们的观点和开始时已经大为不同了：离开只有哺乳动物才会做梦的观点走过了几英里，而离开智人是地球上唯一会做梦的动物的观点却已走过了几光年之遥。一个选择就摆在我们面前：要么我们坚持以人类为中心的梦理论而忽视本章中讲到的种种科学发现，要么我们追随生命科学的进展进入动物梦的神秘世界。我们可能并不喜欢这种两选一，但在其间模棱两可的余地正在迅速消失。

注意差别的鸿沟

我们决不能将我们可以对动物是否做梦做出合理判断的说法与我们可以无限知晓其梦中内容的主张混为一谈。正如我在第2章中对动物情绪的分析所表明的那样，有时我们可以部分地知道这种内容，但这种知道总是有限的，而且总会有种种问题。

根据经验法则，对动物梦境的分析必须遵循两个普遍原则。一是种间差异原则，它鼓励我们以物种为基础来处理这个问题，密切关注每个物种的不同睡眠周期、知觉系统、认知能力和进化历史[105]。二是种内差异原则，该原则认为同一物种不同成员在感觉、身体和认知能力方面存在巨大差异[106]。这些原则强调指出，即使我们能够接触到其他动物的梦中世界，我们也必须承认这种接触的局限性，并尊重物种之间、同种个体之间的差异。每个梦境都有其动物特形

（theriomorphic，这个词源自希腊语"therio"，意思是"野兽"或"动物"，以及"morph"，意思是"形式"或"形状"）。动物梦带有做这个梦的特定动物的特有形式。

我承认，从认识论的角度来说，这让我们处于一种令人尴尬的处境：既熟悉又陌生，既接近又遥远。但我们不得不学会安于这种尴尬处境，因为正是在这种中间地带中，为认识我们与其他动物之间的关系开启了新的可能性，包括可能发现那些对在我们身边过着它们自己生活的其他生灵有意义的东西。事实上，我甚至想说，除了学会安于这种尴尬之外，我们还必须学会对此倍加珍惜。毕竟，我们永远不可能在我们的概念、语言和解释框架中完全认识动物。我们所能做到的最多也就是努力理解是什么将我们联系在一起，同时尊重许多将我们分开的东西。

做梦很好地说明了这种矛盾之处。除非采取以人类为中心的自负观点，我们没有理由期望其他动物也以与我们完全相同的方式做梦。即使是在觉醒状态，其他动物所在的世界就与我们的世界完全不同，因为这种世界依赖于这些动物的感觉模态、运动可能性和生态负担[107]。难道我们还能期望它们的梦世界会和我们的差别更小、更熟悉、更像人类的梦吗？例如，我们知道，人类很少在梦中报告气味。但是考虑到嗅觉在狗的世界的中心地位，狗的梦可能更多的是嗅觉而不是视觉。同样，斑胸草雀在梦中可能听到响亮的声音，而没有视觉或嗅觉内容。这些差异不足以使我们就可以说这些体验不是梦；如果有什么不同的话，这些差别也只能把相应的梦分别称为"嗅觉"梦和"音乐"梦。哲学家路德维希·维特根斯坦（Ludwig Wittgenstein）有句名言："即使狮子会说话，我们也还是听不懂[108]。"如果一头狮子能做梦，我想它是会做梦的，我们的境况也好不了多少。我们可能知道它在做梦，但却不知道它的梦最终对它意味着什么[109]。

重拾旧日智慧

我以两个简短的观察作为总结。首先,上述思考促使我们重拾19世纪博物学家的智慧,他们在动物中寻找复杂内心状态的迹象,并公开"认可"如乔治·罗马尼斯所说的动物有做梦的能力[110]。我们不应将他们的理论斥之为非批判性思维的幻觉,而应扪心自问,随着时间的推移,这些理论是否变得更有吸引力了,而非相反。在科学史上,有无数由于新发现而使以前被认为过时了的理论出人意料地再获荣光,使之重获新生的例子。正如法国哲学家加斯顿·巴舍拉德(Gaston Bachelard)所说,"随着当代知识的任何重大变化,一些旧思想突然又变得重要起来[111]。"当我们踏上这条重新发现之旅时,我们必须确保我们是在用当今的知识、兴趣和关切来重新点燃往日的思想。

其次,我们对动物睡眠研究的分析强调指出科学永远离不开哲学。科学研究总是被有关数据含义的问题所困扰,而这个问题永远也不能用更多的数据来回答。因此,我们必须用我们最好的哲学来帮助解释我们最好的科学。在我们的这种情况下,这意味着以我们对做梦和意识本质的哲学认识来丰富我们对动物睡眠和动物认知的科学认识。

我们现在就来转向这项任务。

第 2 章

动物梦与意识

> 动物梦这一老话有其重大的哲学和历史意义,却很少受到关注,我的这些想法是不是全错了呢?
>
> ——乔治·施泰纳(George Steiner)[1]

哲 学 怪 物

虽然在神经科学、心理学和哲学文献中有大量支持动物意识的论点,但这些论点都有一个共同点:它们都不注意动物的头脑在睡眠中做什么[2]。它们都只关注动物在觉醒、警觉和积极与周围环境打交道时的行为。它们能感觉到痛苦和快乐吗?它们能理解别人的意图吗?它们能体验到喜悦、共情或悲伤等情绪吗?它们能解决难题、理解推理或掌握抽象概念吗?这种关注是可以理解的,因为激起、控制和解释动物觉醒时的行为要比研究它们在睡眠时做的任何事情都容易得多。但是,如果我们把自己局限于只研究动物觉醒时的行为,我们是否可能遗漏了动物体验的一整个维度,而这个维度可能会丰富我们对动物心智的理解。我们是否会无意中忽视了动物意识的一个载体,而这一载体的哲学含义正如施泰纳所说是"重大的"。我相信我们是犯了这样的错误。

在这一章中,我集中以动物梦为例说明动物也有意识。我的论点是:生物体不可能会做梦却没有意识。由于我们有很多动物做梦的可靠依据,因此这些动物必然是有意识的主体,对世界有它们自己的观点,即使这种观点,如海蒂或维特根斯坦的狮子的观点与我们的观点截然不同。一个无意识却会做梦的想法就相当于维特根斯坦自己所说的"哲学怪物"(philosophical monster),这种概念太荒谬了,以至于没有任何一个严肃的哲学理论会接受它。

我分两步来介绍这一特例。首先,我说明做梦是有意识的充分条件,但不是必要条件,"意识"在这里被广义地理解为处于觉知时的一种属性(与无意识相对)[3]。然而,在一旦说清楚了这一点之后,我就把对意识的这种广义理解搁置一旁,而像当代科学家和哲学家一样,将意识视为一种复杂的现象,有不同的类型,而不是将意识看作一种单一的性质,即要么全有,要么全无。因此,在论证的第二阶段,我并不去论证动物拥有一种称为"意识"的独特事物,而是考虑有意识觉知的一些特定类型,对此可以有意义地予以解释。为此,我提出一种新的意识模型,称为 SAM 模型,该模型将意识分为三种类型:主观(subjective)意识、情感(affective)意识和元认知(metacognitive)意识。下面将对这些术语进行解释,但简而言之,它们指的是动物是否将自己体验为其自身感知世界(phenomenal world)的中心,它们是否体验到种种情感(affects)、感受(feelings)和情绪(emotions),以及它们是否能够监控自己的内心状态(mental state)。在这里,我通过说明动物的梦总是动物有主观意识的证据,也常常是有情感意识的证据,有时甚至可能是有元认知意识的证据,从而将这个意识模型与动物梦联系了起来。

做梦是意识的充分条件

做梦和意识有关的想法并不新鲜。20世纪80年代，心理学家戴维·福克斯（David Foulkes）认为，我们并非因为做梦所以才有意识；相反，"我们做梦是因为我们有意识[4]"。在整个20世纪90年代，几位有影响力的哲学家和神经科学家都赞同这一观点。约翰·塞尔（John Searle）将梦定义为"意识的一种形式，尽管在许多方面它们与正常的觉醒状态非常不同"[5]，而消解唯物主义（eliminative materialism）*的最重要捍卫者保罗·丘奇兰（Paul Churchland）声称"一个人在梦中拥有的那种意识肯定是不标准的，但它确实有可能是同一现象的另一个例子"[6]。与福克斯一样，塞尔和丘奇兰将做梦按其定义来说看作为有意识觉知的一种模式。

哲学家埃文·汤普森（Evan Thompson）在其著作《觉醒、做梦、存在：神经科学、冥想和哲学中的自我和意识》（*Waking, Dreaming, Being: Self and Consciousness in Neuroscience, Meditation, and Philosophy*）一书中对这一观点做了进一步的阐述。按照他的说法，西方哲学家历来将意识视为一种二值属性（binary property），有机体在任何时刻要么完全有意识，要么完全没有意识，就像一盏可以自己开灯和关灯的灯一样。根据这一经典概念，只有当我们觉醒、警觉并完全拥有我们的心智能力时，我们才有意识。在其他任何时候，包括做梦时，我们都是潜意识（unconscious）或无意识（nonconscious）的[7]。借鉴印度

---

* 消解唯物主义（或消解主义）是一种激进的主张，认为我们对心智通常的理解是大错特错的，这种基于常识所提出的一些或所有内心状态实际上并不存在，在成熟的心智科学中不起任何作用。他们认为有关行为和体验的心理学概念应该按其能在多大程度上还原到生物学水平上来加以判断。——译者注

古代瑜伽传统，汤普森劝说我们放弃这种非此即彼的概念，因为意识是一种多模态现象，在不同的时间采取不同的形式。意识并非在两种状态之间切换的光，它是一种交换台，这种交换台在任何时刻的配置都取决于许多生物、生理、心理甚至社会变量。汤普森阅读了奥义书（*Upanishads*）*的《大森林的教导》（*Great Forest Teaching*），这是一组写于公元前7世纪左右的经文，表达了印度教的核心思想，据此汤普森确定了四种意识模式，他将其描述为觉醒意识、做梦意识、无梦睡眠和纯粹觉知。

埃文·汤普森的意识理论

觉醒意识	做梦意识	无梦睡眠	纯粹觉知
觉醒并注意周围环境的状态。它意味着主体具有能够专注于其感知场（phenomenal field）的特定方面的能力	在睡眠中，特别是快速眼动睡眠期中有感知觉意识的状态。在做梦的时候，做梦者会注意到梦境中的事件	睡眠时不做梦的状态，通常是在非眼动睡眠期。对于佛教徒来说，这种状态仍然是有意识的，但程度最浅	练习冥想和濒死时产生的一种有高度领悟的状态，关于这种状态尚有争议

虽然这些模态在现象学上彼此不同，但它们共享印度教和后来的佛教经文所认定的所有有意识觉知的标志，即发光性（luminosity）**。它们都为观察者"阐明"（或者如西方现象学家可能会说的"揭示"）现象。他们让世界在某个主体面前"现身"：

---

* 奥义书是《吠陀经》最晚的部分，是印度教最古老的经典，涉及冥想、哲学、意识和本体论知识，为后来的印度哲学提供了基础。——译者注

** 对于"luminosity"一词，译者请教了作者。他的回答是"'luminosity'是一种有事物出现的性质。因此当我看到某物（或摸到某物、嗅到某物）时，我就变得意识到了这一事物。在瑜伽传统中把这种能使人意识到的性质就称为事物有'luminosity'"，译者在此把该词译为"发光性"，其意思就是可被感知到的性质。——译者注

"发光"（luminous）意味着有像光一样的使事物显现出来的能力。没有太阳，我们的世界将笼罩在黑暗中，但没有意识，什么也显现不出来。意识从根本上来说就是使事物得以显示出来的那个东西，因为意识是使事物得以显现的关键先决条件。严格地说，除非在某种意识中得以显现，否则就什么都显现不了。如果没有意识，就知觉不到这个世界，对过去无从记忆，对未来也无从希望或预见[8]。

意识是"使事物显现出来并使人对此多少有所认识的那个东西"，也就是照亮了知觉的某个领域，使某个主体立即知觉到并体验为他们自己的知觉的那个东西[9]。汤普森声称，由于这些模式都同样具有这种发光的性质，因此它们都必然是有意识的。正如丘奇兰所说，尽管我们对其中一些模式的体验"绝对不够标准"。

两位世界顶尖的梦哲学专家詹妮弗·温特（Jennifer Windt）和托马斯·梅辛格（Thomas Metzinger），通过不同的途径也得出了相同的结论。他们没有求助植根于古代瑜伽传统的意识理论，而是着眼于西方哲学家一贯钟爱的意识体验模式（即觉醒体验），并想知道使其"有意识"的条件是否也适用于其他模式，尤其是做梦。他们说，觉醒体验是有意识的，因为它满足下列三个形式约束：

1. 呈现性（presentationality），它意味着"存在一个世界"，代表着此时此地。这个世界向某个主体显现其自身，这个主体的意识总是对这个世界的某个方面的意识。
2. 全局性（globality），它意味着"生成一个现实的全局模型"，连主体本身也是其中的一个部分。即使只是从理论上来讲，主体也不可能从外部视角，或者从上帝的视角出发，把这一模型看做众多客体之一，因为主体本身就身处这个模型之中，这一模型确定了主体所能觉知到的现实的范围。

3. 透明性（transparency），这一性质假定主体将其全局现实模型体验为现实本身，而不觉得只是现实的一个模型。有体验的主体必须觉察不到模型只是一个模型而已*，对他们而言，模型必须一直保持"透明"[10]。

为了具体说明这些约束条件，让我在这里举一个简单的例子。当我沿街跑去赶公共汽车时，我是"有意识的"，因为我沉浸在一个无所不包的世界里，这个世界是我无法从外部的角度把握的。就我而言，此时此地的这个世界是真实的，而并非某种仿真。这不是我凭空想象出来的。当我跑去赶公共汽车时，我是"有意识的"，因为我面对的是一个全局性和透明的现实。但是，如果我们将这种体验描述为"有意识"的原因是因为它符合这些标准，那么就没有理由以任何不同的方式描述梦的状态。当我梦见跑去赶公交车时，我也沉浸在此时此地；我也体验到我的梦无所不包地发生在此时此地，我也身处其中，而不是一个我从远处见到的场景；我也体验到这一切都是真实的，而不是虚假的。因此，当我做梦时，我必定是有意识的，虽然我不一定意识到自己是在梦中[11]。在我的梦中，我并没有意识到在做梦，而是以做梦的形式有意识：

从纯粹现象学的角度来看，梦就是存在一个世界。在主观体验的层面上，梦境被体验为表征此时此地。尽管它是由做梦的脑所

---

* 换句话说，由于动物身处模型之中，它必定不把模型当模型看，而以为模型就是现实本身。——译者注

构建的一个模型，但做梦者并不把梦当作模型，而是体验为现实本身。用哲学术语来说，我们可以说做梦的脑所创造的现实模型在哲学上是透明的；体验者感觉不到梦只不过是模型这一事实[12]。

温特和梅辛格接着补充道："人们可以说梦是有意识的体验，因为梦满足了（这些）约束条件[13]。"这重申了福克斯在20世纪80年代提出的论点，从逻辑上来说，做梦要牵涉到意识，因为当我们做梦时，我们面对着的是表征整个世界的某种感知场。把笛卡尔17世纪的名句*稍加改变，我们可以说："我梦故我在。"

意识的 SAM 模型

意识很难定义。专家们还没有就它的含义、其反义词是什么、它是如何产生的，甚至我们如何判断某人在某个时刻是否有意识达成共识。心理学家乔治·米勒（George Miller）对这一困难感到恼火，20世纪60年代初，他曾呼吁暂停在科学写作中使用这一术语，因为他担心，一个意义如此不清的术语只会搅浑原本清澈的心理学研究之水：

> 意识是一个被无数人用烂了的词。视说话者的不同，意识可以指一种存在状态、一种物质、一个过程、一个地方、一种附带现象、物质的一个涌现方面，或唯一真实的现实。也许我们应该在10年或20年内禁用这个词，直到我们能够想出更精确的术语[14]。

米勒的同时代人普遍赞同他的意见，事实上这一想法也被付诸实

---

* 笛卡尔的原话是："我思故我在。"——译者注

施。在之后的几十年里，出版了大量关于人类心理的书籍，但都不提及"意识"或"意识体验"。法国神经科学家斯坦尼斯劳斯·德阿纳（Stanislaus Dehaene）*以其关于意识的全局工作空间理论的版本**而闻名。他在其《良知的准则》（Le Code de la Conscience）一书中回忆说，直到20世纪80年代，任何谈及意识之类的话题在科学文章、期刊和会议上都避之犹恐不及。在此期间进入该领域的年轻研究人员被鼓励进行实验，以测试人们如何、何时以及为什么会意识到不同的刺激，并在最著名的期刊上发表他们的研究结果，而从不提及他们受试者的所谓"意识"。德阿纳说，人们认为这个概念"没有给科学心理学带来任何基础性的东西[15]"。这被认为是没用的。

今天，意识不再被认为是科学家的禁区，但如何定义它的问题仍然存在。在过去的几十年里，在心智哲学、认知心理学和神经科学中大致形成了一种共识，即解决这个问题的最佳方法是将意识划分为更小的类别，并试图了解它们是如何运作和相互作用的。如今，对这一主题感兴趣的专家通常从下列假设开始他们的研究。即意识有各种各样的形式，而每种形式甚至还可以有不同的程度。

这种方法的好处之一是，它使人们更容易应对意识体验的可塑性、多功能性和多维性，而不必过早给意识下一个华而不实的定义。这种方法的缺点之一是，它导致了大量不同的分类方案，每种方案都试图以自己的方式把意识分成更小的类别[16]。为了本书的目的，并且冒着在本已涂满了的画布上再添上一笔的风险，我建议将意识分为三个亚种：主观的（subjective）、情感的（affective）和元认知的

---

* 按新华社《世界人名大词典》的法语姓名翻译，也有人把他的名字译为"迪昂"。——译者注
** 在他之前，巴尔斯就提出过意识的全局工作空间理论，德阿纳则在此基础上做了进一步的发展，并将他的理论称为意识的神经全局工作空间理论。所以这里说这个理论是全局工作空间理论的德阿纳版本。——译者注

(metacognitive)。主观意识是指把自己当作本人感知现实（phenomenal reality）的中心；情感意识是指情绪、感受和情感；元认知意识是指涉及某种形式的自返性（reflexivity）的认知加工形式。简而言之，我将其称为意识的 SAM 模型，其中"S"表示主观，"A"表示情感，"M"表示元认知。

我之所以选择这个三元组，是因为在当代关于人梦的研究中，这些类别经常以这样或那样的形式出现，我想看看在跨越物种界线上这种做法能再走多远。我提出这个模型的目的并不是想为整个动物界的意识体验给出完整的图景，因为我认为这是做不到的。我的目标也不是想说主观意识、情感意识和元认知意识彼此孤立存在，因为我相信它们以高度复杂的方式交织在一起。我的目标没有那么雄心勃勃，我的目标只是通过专注于这三个类别并阐明它们与做梦的关系，来表明我们可以加深对动物意识的理解。

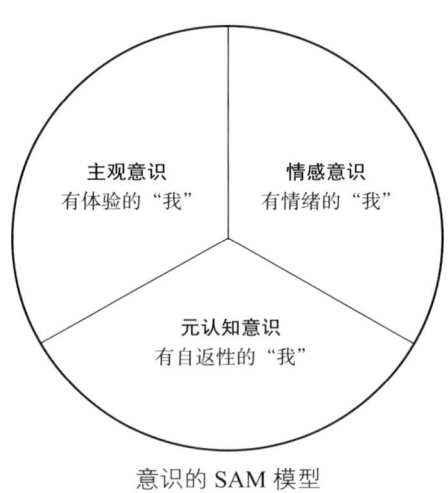

意识的 SAM 模型

简言之，我认为所有做梦的动物都有主观意识，许多动物也有情感意识，少数动物甚至可能有最高级的元认知意识[17]。如前所述，由于实证记录的局限性和主题的复杂性，很难获得比这更具体的信息，但这已足以让人对根本不考虑动物也可能有意识的意识理论产生怀疑，而有许多人正是这样认为的。

主观意识：梦中的自我

在《自我与他者：探索主观性、共情和羞耻感》(*Self and Other: Exploring Subjectivity, Empathy, and Shame*) 一书中，现象学家丹·扎哈维（Dan Zahavi）认为，尽管"自我意识"一词通常会让我们想到人在用语言和理性专注地思考困难的问题［如奥古斯特·罗丹（Auguste Rodin）的《沉思者》（The Thinker）］*，但是还有更简单的自我意识形式，这种形式"先于掌握语言以及具有成熟的理性判断和命题态度（propositional attitudes）**的能力之前"[18]。基于埃德蒙·胡塞尔（Edmund Hussell）***、让·保罗·萨特（Jean-Paul Sartre）和莫里斯·梅洛-庞蒂（Maurice Merleau-Ponty）****等法国和德国哲学家的著作之上，扎哈维将这种原始的意识形式描述为"对自己由经验得来的生活（experiential life）持续不断的第一人称表示"[19]。在我们拥有作为理性内省基础的认知功能之前，我们就已经有了一种基本形式的自我觉知，这种自我觉知形式建立在我们的生活经验（lived experience）的框架之中，它也就是我们生活经验的框架。

我将这种原始形式的体验（我称之为主观意识）解释为两方面

---

* 《沉思者》是奥古斯特·罗丹（法国雕塑家）所作青铜雕塑，这是一位裸体男性坐在岩石上，身体前倾，右手肘放在左大腿上，右手背托着下巴，显出主人公正在沉思，人们经常用这个雕像来形象地隐喻哲学。——译者注

** 命题态度是一种将人与命题联系起来的关系的内心状态。它们通常被认为是思维的最简单组成成分，这种成分表达的意思或内容可以为"真"，也可以为"假"。——译者注

*** 埃德蒙·胡塞尔（1859—1938），德国哲学家，创立了现象学学派。——译者注

**** 莫里斯·梅洛-庞蒂（1908—1961），法国现象学哲学家。——译者注

的内容:

1. 主观存在感,即感到本人存在于自己世界的中心,并长期居于该位置上的感受;

2. 具身的自我觉知感(sense of bodily self-awareness),即理所当然地感到自己有个身体的感受。用生物伦理学家戴维·德格拉齐亚(David DeGrazia)的话来说,就是"觉知到自己的身体与环境的其他部分有着重要的不同"[20]。

具有以上两点特征的生物体具有主观意识,并且至少具有最低限度的自我感[21]。在这一节中,我想通过说明在梦世界中,我们总是有一种主观存在感和具身觉知感,将主观意识的这一方面和做梦联系起来。

主观存在:梦中世界的表现形式

在《做梦的亲历时空幻觉模型》(The Immersive Spatiotemporal Hallucination Model of Dreaming)一文中,詹妮弗·温特认为,所有梦都有一个"现象学核心",即梦中的自我在由时空组织起来的现实中的亲身经历[22]。按她的说法,无论多么不稳定、不合逻辑或荒诞不经,每个梦都是围绕着一个梦中自我组织起来的,这个梦中自我就"在"梦境之中,并且是做梦者最终也认同那个梦中自我就是自己本人。正是这个自我将梦体验为生活现实,经历梦中的高潮和低谷,并在梦本身中拥有全景视野[23]。也正是这个自我,在梦中自始至终无所不在:

区分做梦和非做梦睡眠体验的关键因素正是在梦中有时空存在感。从最基本的意义上来说,在梦中有一种幻觉场景,这个场景是围绕着内心的时空第一人称视角以及在时空上自我定位感（a sense of spatiotemporal self-location）组织起来的，这种时空上的自我定位感也就是占据某个空间位置的感觉（即使只讲到某个点也总会附带上这个点周围的某个小空间）*，再加上体验到"现在"和有关一段时间的体验[24]。

对于温特来说，关键词是"在场"（presence）。如果没有这种主观在场感，就不会有梦，因为梦本质上就是主观的自我中心体验。当我们做梦的时候，这一主观中心让我们感到我们就在"那里"，梦中发生的事情正发生在我们身上。温特得出结论，任何做梦的生物都必须拥有她所说的"最小感知自我"（minimal phenomenal selfhood），这是主观性的一种基本形式，只取决于占据时空场中的一个位置并在其中存在相当长一段时间[25]。从原则上来说，只有拥有这种最小感知自我的生物才会做梦。

埃文·汤普森从一个略微不同的角度阐述了梦的主观约束，他借用了神经学家詹姆斯·奥斯汀（James Austin）关于觉醒体验的"主体我－受体我－拥有者我"（I-Me-Mine）结构的概念。他解释道：

> 普通的觉醒意识受到奥斯汀在《禅宗与脑》（Zen and the Brain）中所说的"主体我－受体我－拥有者我"的影响。"主体我"就是作为思想者、感受者和行动者的自我；"受体我"就是受到影响和作用的自我；"拥有者我"则是作为拥有者的自我，是思想、感情、身体特征、人格特征和物质财富的占有者。这种联系紧密又相互加强的三位一体构成了我们的自我感，并被称为自我（ego），这是我

---

* 这句话的意思就是自我总要占据一定的空间，而不可能仅仅是一个理想的点。——译者注

们的一种根深蒂固的印象，那就是我们有一个明显而有一定界限的自我高居于世界之上，并与周围世界截然不同[26]。

虽然"主体我-受体我-拥有者我"并非人类体验的无一例外的规范（因为这在无梦睡眠和某些昏迷状态下会消失），但它是觉醒体验的普遍规范，而这在梦中又系统地得到重建。"梦通常会重建这种结构，因为一个人经常有一个梦中身体（dream body），并以此参与进了梦中世界。即使当一个人以观察的角度体验自己时，他仍然将自己体验为与梦境相关的主体[27]。""当我们做梦时，"汤普森接着说，"我们体验到是在梦中；更准确地说，我们体验到是在梦中世界之中。体验到自己是世界中存在着的自我，这是觉醒状态的标志……在梦中再次体验到梦境中有我[28]。"

具身觉知（Bodily Awareness）：一种具身梦理论

温特和汤普森的分析强调了主观存在感，所有的梦中体验都离不开这种主观存在感。但是，正如我所解释过的那样，主观意识需要某种具身自我觉知感。因为一般说来我们的肉体在睡眠中不能动弹（正如我们在第1章中说过的那样），那么说我们在梦中"具身化"还有什么意义吗？根据一些著名的梦科学家的说法，回答是肯定的，因为梦中自我，也就是所有梦境都围绕着展开的主观焦点，总是早就已经"在感知上具身化了"[29]。在做梦的每一个时刻，我们的梦中自我都占据着梦境中特定的时空位置，并拥有一个具有特定大小和形状的梦中身体。

法国存在主义者*让·保罗·萨特早在20世纪40年代就已经理

---

* 存在主义是哲学的一个流派，它探讨人类存在的问题，并集中讨论思维、感受和动作的主观体验。存在主义思想家经常探讨与人类生存的意义、目的和价值有关的问题。——译者注

解到了这一点。在《想象：想象的现象学心理学》（*The Imaginary: A Phenomenological Psychology of the Imagination*）一书中，他解释说："人在梦中总是身在某处……而这个'某处'本身与一个虽然看不见但却无所不在的整个世界有关[30]。""无所不在"一词至关重要，因为对萨特来说，梦中世界是我们梦中体验的疆界，而我们的梦中身体则是它的中心。当萨特讲到做梦的人时，认为他们有某种"身体图式"（body schema）*，它虽不同于觉醒时自我的身体图式，但不一定就比它低级。这个身体图式决定了梦中自我能做什么，并使其能够在前概念层面（pre-conceptual level）上区分自我和他人、"我"和"非我"[31]。

60年后，认知神经科学家和著名的梦理论家安蒂·雷文索（Antti Revonsuo）也提出了同样的论点。在他看来，每个梦中自我都占有唯一的物理位置和确定的身体意象，这两者错综复杂地相互联系在一起。梦中自我拥有一个身体意象，这是因为它"在梦境中有身体存在并占有空间位置"。换句话说，体验到自己拥有身体存在并占据世界中的一个特定位置，就足以产生身体意象。他说道："在这方面，梦中的自我与清醒的自我并没有太大的不同[32]。"梦专家德里克·布里尔顿在其著作中又再次提到这一想法，他断言："自我就是身体意象（self-as-body-image）这一点在现象学上是做梦的内在特征。"没有梦中自我就没有梦，不存在没有梦中身体的梦中自我，也不存在没有梦中身体意象的梦中身体。因此，布里尔顿将这种身体意象说成是我们梦的"原始完形"（primal gestalt）[33]。

梦中自我的具身化意味着梦境并非有一个抽象和不需要身体依托的自我居于其中的某种单一知觉；相反，梦境为主体打开了通向某个

---

* 身体图式是身体意象的一个方面，是心理学、神经科学、哲学、运动医学和机器人学等多个学科中使用的概念。在这些学科中，对身体图式的定义还没有达成共识。在神经科学中一般是指身体的各个部位在空间中的姿势，并随运动而不断更新。——译者注

哲学家让·保罗·萨特和神经科学家安蒂·雷文索认为,所有的梦,即使是那些看起来最荒诞不经的梦,都遵循某种明确的主观逻辑,因为它们都涉及处于梦中世界中心的一个具身化的梦中自我

世界的种种主观路径和入口。这些路径和入口在我们的知觉场*中驱使我们倾向于追求某些目标而不是其他目标,实现某些可能性而不是其他可能性。这就是为什么萨特对梦境做出了与具身认知领域专家如

---

* 个人在特定时间感知到的全部环境;也就是说,在给定的时间,人们所意识到的环境的所有方面。——译者注

莫里斯·梅洛-庞蒂、弗朗西斯科·瓦雷拉（Francisco Varela）、埃莉诺·罗斯奇（Eleanor Rosch）、阿尔瓦·诺埃（Alva Noë）和丹·扎哈维对觉醒世界相同的断言，即梦境不是一个与我们的身体、兴趣或目标无关的无边无际的三维牛顿空间（Newtonian expanse）。这是一种"路径空间"*（hodological space）[34]（来自希腊文 hodos，意思是"路径"），与我们潜在有可能的动作的范围相同。

这些潜在可能性离不开我们的身体，更确切地说，离不开我们的梦中身体。它们是梦中身体的结构、位置和朝向的函数，只有讲到与这些因素的关系时才有意义。在与其环境（即梦境）的动态交互中，这个身体决定了对我们来说什么是可能的或什么是做不到的，什么通得过，而什么通不过。这些可能性和制约的总和为梦中世界定出了范围，将我们的梦境转化为主观现实，我们全身心地投入这种主观现实之中，而不是作为一名冷漠的观众冷眼旁观在内心中放映的电影。

梦依托于主观

因此，梦是主观构造的。梦中需要有主观存在感和具身的自我觉知感。尽管对我们在梦中把自己当作具身代理者的程度，或我们认同梦中自我身份的程度问题上，专家们仍争论不休，人们也理解到，如果一个梦没有了任何主观结构就将完全不成其为梦。即使是看似无我的梦，例如幼儿的梦或我们入睡时体验到的似梦意象，结果也有主观锚定，没有这种锚定，它们就无法被识别为梦[35]。主观性是使做梦成为可能的首要条件。萨特说，这就是为什么我们不能在梦中目睹我们

---

* 路径空间指的是由各种可能运动组成的空间。与直线路径不同，此空间涉及所谓的"最佳路径"，也就是考虑到最短距离、安全性、最少工作和最大体验等多种因素之后折中采取的路径。——译者注

的梦中自我死去:这个自我的死亡将导致梦境本身在一瞬间不可逆转地解体。哲学家马丁·海德格尔(Martin Heidegger)有句名言:我们总是记不起死亡。萨特会补充一句,即使是在我们的梦中也是如此。

做梦和主观性之间的本体论联系意味着没有自我就没有梦。甚至很难想象这样的梦会是什么样子或是一种什么样的感觉。在一个没有自我的梦里,是谁在做梦呢?从什么角度来体验这个梦?谁能声称这是他的梦?一个无我的梦在现象学上是不可能的,因为只要有梦,就必须要有一个实现、维持和体验它的自我,一个使梦存在的终极基础的自我。一个没有自我的梦就像一个没有形状的雕像或一幅看不见的画一样不可思议,就像一个不发光的太阳或一条不流动的河流一样荒诞。

对我们来说重要的一点是,这个自我不一定必须是人。任何做梦的生物都必然具有主观意识,因此都有主观存在感和具身自我觉知感。会做梦的生物必须是一个有真能体验到世界的主体,而不是像彼得·戈弗雷·史密斯(Peter Godfrey-Smith)所说的"内心完全空虚的生化机器[36]"。

情感意识:梦中世界的情绪萌芽

现代梦科学的起源:背叛弗洛伊德

20世纪50年代到70年代的这一段时间是梦研究的黄金时代,那时科学家相信梦是由脑桥中的随机活动产生的,脑桥是脑干中连接延髓和中脑那个部分。主导这一时期的"脑桥激活假说"的核心思想是,梦不过是脑桥神经元随机放电产生的生理白噪声[37]。在这方面,梦被认为类似于,比如说,血液在循环系统中流动时发出的声音。在这两种情况下，我们也许可以找出这些现象的器质性原因，但如果我们试图解读其"含义"，我们就只会白费力气。就像血流的声音一样，我们的梦从根本上来说是没有意义的，因此也就无从解释。

有趣的是，这一假说在20世纪50年代变得流行起来，这主要并非因为它提供了实证证据，更重要的原因是因为它提供给梦科学家反对西格蒙德·弗洛伊德的梦精神分析理论的弹药。曾有半个世纪之久，弗洛伊德的梦精神分析理论在欧洲和北美大获成功，但新一代科学家开始将其斥之为伪科学的胡言乱语。在20世纪初，弗洛伊德建立了一个令人印象深刻的哲学体系，他称之为"精神分析"，这彻底改变了人文科学。凭借其有力的潜意识新概念，这个体系有力地展示了人的精神中无可争辩的种种问题，所有的神经官能症和精神病，所有的本能需求和动物般的冲动，数不胜数的差错、死角和处置失当。然而，弗洛伊德明白，要想深入探索人类灵魂的最深处，并揭示其最受我们珍视的秘密，他需要一系列实用的技术来绕过许多"绊脚石"，他认为，这些绊脚石是我们自己的精神世界为我们设置的。这些技术中的一项技术是解梦，弗洛伊德认为可以用它来扫除扭曲梦的真实或"潜在"意义的重重精神迷雾。弗洛伊德希望通过对患者的梦进行严格的解释，来正确说出他们所受的折磨，减轻他们的痛苦，并最终使他们恢复正常生活[38]。

早在19世纪末就已有了种种脑桥激活假说。弗洛伊德很熟悉这些假说，但一点都不相信。在接受医学训练的过程中，他解释过"1 000多个梦"，但他无法接受这样的想法，即夜间造访我们的梦境是毫无意义的器质性事件，一如血液循环或饥肠辘辘声。这些场景对我们的影响太大，不可能完全是器质性的。从心理上讲，梦既能给我们正面影响，也能给我们负面影响。因此，弗洛伊德推论，它们必然具有巨大的情感和心理意义。要不然的话，我们如何解释它们与我们的自我感之间有不可否认的联系？我们如何解释一个显而易见的事实，即我们梦到的一切都与我们怎样看待自己息息相关？弗洛伊德断言，和他那个时代的器质性理论所断言的相反，梦不可能是无意义的器质性事件。恰恰相反，它们一定反映了我们的心理和情绪状态，反映了我们最私密的恐惧、最痛苦的精神创伤和最秘密的欲望。梦必然是通向内心深处的窗户，需要解读。正如他1899年在《梦的解析》（*On the Interpretation of Dreams*）一书中所说，它们一定是"通往潜意识的坦途"。

弗洛伊德在临床上重提古代解梦术产生了一种有趣的文化溢出效应。1899年以后，在大众的想象中，任何与梦研究有关的东西都与弗洛伊德的精神分析有关。在受过教育的人中只要说起"梦（dream）"这个词，就会产生心理分析论者在寻找精神失常患者梦的潜在意义的印象。

不幸的是，心理学领域在20世纪上半叶经历了一系列的价值观转换（value transformations），因为心理学家试图使他们的学科赶上物理科学的标准。事实上，到了20世纪50年代，心理学界的价值观发生了如此剧烈的变化，以至于大多数心理学家在当时是用怀疑而不是好奇的态度来看待精神分析，他们抛弃了任何与之相关的东西，包括对梦的解释，将其看作为是形而上学的猜测、一厢情愿的想法和可疑的临床工作的糟糕混合物。正如雅各布·康恩（Jacob Conn）所说，如果说1939年，也就是弗洛伊德去世的那一年，看起来"弗洛伊德革命已经实现了所有目标"，那么到了20世纪50年代，这一革命似乎已经难以为继[39]。

我们必须在这种更广泛的文化和历史背景下来解释何以在20世纪50年代提出或者说重提脑桥激活假说。许多梦科学史家指出，尽管这一假设在19世纪和20世纪并非没有实证支持，但它在20世纪50年代的吸引力主要是观念上的。通过将梦还原为没有心理意义的生理事件，这一理论允许对梦感兴趣的实证主义心理学家一石二鸟。他们可以通过一方面声称梦是科学研究的完全合法的对象，同时又与影响力式微的精神分析理论保持距离，从而得以捍卫他们工作的科学地位。因此，在20世纪50年代、60年代和70年代，任何敢于谈论梦的"意义"的人都被视为江湖骗子，不比那些声称通过看手相预测命运的骗子占卜师强多少。就像占卜那样，对梦进行解释是伪装成科学的反科学胡说。

弗洛伊德的归来

梦科学在20世纪70年代发生了一系列意想不到的转折，如果不是因为这一令人伤脑筋的事实，通过将梦还原为无意义的生理事件来推翻精神分析本会获得成功。梦理论家多年来一直保证，梦是脑桥无序活动的结果，因此无法解释。但是科学家发现，梦的形成也取决于关键皮层区的激活，尤其是顶叶和额叶。弗洛伊德在世时和他那个时代所反对的脑桥激活假说，在他死后被用来反对他的精神分析学说，现在已搞清楚了仅用这一假说作为对做梦的解释显然是不充分的，或者至少是不完整的。完整的解释必须要对皮层也介入其中做出说明。

特别是有两项发现震撼了梦研究界。一项发现是认识到顶叶损伤可能会阻碍梦的形成，顶叶是哺乳动物皮层中帮助动物表征和导航物理空间的区域。这意味着，从做梦者的角度来看，梦不可能是无意义的白噪声，因为它们涉及具有清晰时空组织的物理空间的高分辨率再现。另一项发现是，大脑所谓的"id系统"也和梦的形成过程有关，这一系统是一组复杂的神经网络，包括额叶［特别是腹内侧前额叶皮层（vmPFC）］和边缘系统（特别是杏仁核）[40]。由于这个系统对情绪调节、决策和自我控制至关重要，我们的梦一定带有情绪色彩，因此也必定在我们个人生活的背景下具有意义。

这些发现使脑桥激活假说无法应对，并引发了一些专家所称的 20 世纪 80 年代的"弗洛伊德文艺复兴"。对 vmPFC 和边缘系统的研究对于将弗洛伊德关于情绪在梦中所起作用的理论重新引入科学主流至关重要，尤其是他在《梦的解析》中所声称的，我们的梦是由过去的情绪经历调制的理论。我们或许可以说，在 20 世纪 80 年代，梦科学经历了弗洛伊德所说的"被压抑的回归"，不过在现在这种情况下，被压抑的是弗洛伊德主义本身。正如马克·索姆斯直截了当地指出的那样，"（它）清楚地表明，神经科学应该向弗洛伊德道歉[41]。"

如今，很少有研究人员还会支持这样的理论，即认为梦只是器质性事件或生理事件。大多数人都同意，梦与情绪密切相关。德里克·布里尔顿解释说，我们的大多数梦都涉及沉浸在"带有明显情绪的社会空间"中的梦中自我[42]。这是我们都经历过的事情。当我们做梦的时候，我们梦见了我们见过的地方、我们认识的人，以及我们爱或恨的事情。梦中世界可能是奇怪和不可预测的，但它绝不会是不带情绪的。它在方方面面都和情绪有关，这使我们不仅将梦当作表现行动的舞台，而且作为培养、阐发和控制我们情绪的舞台。梦是由感受、情感和情绪构成的，这就是为什么我们从不只是在一旁观看我们的梦。我们身在其中。我们在梦中或喜或悲。我们就生活在其中。

科学记者安德里亚·洛克（Andrea Rock）在《夜间的心灵：关于我们如何做梦以及为什么做梦的新科学》（*The Mind at Night: The New Science of How and Why We Dream*）一书中指出，边缘系统的影响意味着，梦确实是某种"坦途"，但不是像弗洛伊德所想的那样通向潜意识，而是通向情绪。即使违背我们自己的意愿，梦也表达了什么让我们感动，什么驱使我们去做某件事，有时甚至是什么使我们不去做某件事：

由于脑成像研究表明做梦的脑在活动，人们也越来越清楚，在做梦的意识中，边缘系统（控制情绪和储存强烈情绪记忆的控制中心）控制着梦境的展开……由于脑的情绪中心控制着梦的进行，这意味着［梦中］*特意挑出要加以处理的最突出的记忆总是那些情绪化的记忆：焦虑、失落感、损伤自尊心以及身体或心理创伤[43]。

在《整体梦：对梦的整体论研究方法》（*Integral Dreaming: A Holistic Approach to Dreams*）一书中，梦理论家法里巴·博扎兰（Fariba Bogzaran）和丹尼尔·德斯劳里（Daniel Deslauriers）用两个有用的隐喻扩展了这一概念。他们说，做梦是一种"情绪变化分类器"，通过边缘系统的处理将过去的体验标记为正面的或负面的[44]。正因为如此，我们的记忆保留了情绪性。他们接着说，做梦也是一个"情绪代谢"的过程。一旦体验被打上了情绪愉悦或沮丧的烙印，做梦就会将其融入我们始终存在的自我感中。通过做梦，我们构建了我们的自我感：我就是那个害怕某事、担心某事、向往某事的人[45]。

通往动物情绪的坦途

如果我们的梦是通往我们的情绪的坦途，那么动物的梦是通向他们情绪的坦途吗？神经科学家安东尼奥·达马西奥（Antonio Damasio）在其《感受》（*The Feeling of What Happens*）**一书中探讨了这个问题，他

---

* 加括号是表示原文中由于有上下文而不言自明，但是当没有上下文时必须加以补充才能使读者明白的话。在这里之所以用方括号，是因为原文中原作者已经用了圆括号来作补充说明。所以需要与此加以区分。在后文的所有引文中，如果其本身中并不包括用圆括号说明的内容，那么就用圆括号来表示其中内容为引者所加。——译者注
** 此书有中文译本：安东尼奥·达马西奥.当感受涌现时［M］.周仁来，严严，等译.北京：中国纺织出版社，2022.——译者注

在书中解释说,其他动物睡眠时可能在梦境中也会体验到强烈的情绪。他写道:"深度睡眠时并没有情绪表达,但在有梦睡眠时,意识又以奇特的方式回来了,在人类和动物中都很容易被检测到情绪表达[46]。"

当代的动物睡眠研究支持这一观点。请看一下 2015 年由伦敦大学学院神经科学家弗雷娅·奥拉夫斯道蒂(Freyja Ólafsdóttir)领导的跨学科研究团队进行的一项关于大鼠睡眠的实验。与路易和威尔逊(我们在第 1 章中讲过他们的研究)一样,奥拉夫斯道蒂和她的合作者让一组大鼠执行空间任务,并比较了觉醒时和睡眠期间由此引起的海马激活模式。但她们控制了一个路易和威尔逊没有控制的变量:情绪动机。如果大鼠在情绪上在乎解决这一任务,它们是否更有可能"回放"空间任务呢?欲望是大鼠做梦的驱动力吗?这听起来可能是一个没有实证方案能够解决的问题,但奥拉夫斯道蒂和她的团队提出了一个聪明的两阶段实验,将她们所研究的动物对象的愿望作为重中之重。

在第一阶段,她们让大鼠适应一个 T 形迷宫,在该迷宫中,通往迷宫两个较小臂的通道被透明屏障阻断。大鼠可以在迷宫的主干道上来回跑动,看到两个分支臂,但无法实际探索它们。然后,作者将动机引入此场景,用奖励(几粒大米)标记其中一臂,而让另一臂空着。这引起了大鼠的注意,它们跑到迷宫的交界处,渴望地盯着看那堆近在眼前的美味大米。一旦熟悉了这种设置,就把大鼠从迷宫中移开,让它们打个盹。在它们睡觉的时候,研究人员记录其海马中发生的事情,密切注意各个海马细胞放电的顺序,这就形成了大鼠经历的"神经地图"(neural map)。但是大鼠究竟经历了些什么呢?这个神经地图又是什么样的地图呢?奥拉夫斯道蒂和她的同事猜想,大鼠是在内心中"预放"(pre-playing)了下列行动,即亲身探索迷宫中标记过的那个臂,并将小爪子放在它们欲取之而得的对象上。

为了验证他们的猜想是否正确,在实验的第二阶段,她们将大鼠重新放入迷宫,但这一次,堵住有米臂进口的透明屏障和大米本身都被拿走了。在把大鼠重新放进去之后,正如所预测的那样,大鼠跑到T形迷宫的交界处,立即转向之前有诱饵的臂的方向,这表明它们记得哪只臂中有可口的奖品,并期望在那里找到奖品。即使在意识到大米已经不在了之后,与对照大鼠相比,这些动物还是花了更长的时间去探索这只臂。

当大鼠在先前存有奖品的臂上来回奔忙时,研究人员记录了海马中的放电事件,并发现当大鼠亲身探索迷宫这一特定部分时相关的模式与她们在大鼠打盹时记录到的模式相同。当大鼠在看到但没有实际探索有奖臂后入睡时,以及它们在小睡后探索该臂时,放电的是同一些海马细胞,其放电顺序也相同[47]。这无疑证实了海马在这两个时刻做了同样的事情:其中一个时刻是当大鼠看到奖品后睡觉时;而另一个时刻是当它们失望地发现它们探索过的地方不再有奖品。换言之,大鼠记住了从情绪上激发其兴趣的真实环境的许多方面,并主动想象一种使其愿望得以实现的"未来的体验"。这种想象发生在它们熟睡的时候[48]。

平心而论,在这一点上"预放"和做梦之间可能没有什么联系,因为前者发生在慢波睡眠期间,而此时做梦的可能性较小。但是如果有联系,并且确实有迹象表明事情就是如此[49],那么对这些发现我们就有很多话可说。首先,这似乎证实了乔治·罗马尼斯在19世纪末提出的主张,即动物梦说明它们有想象力。在它们打盹的时候,大鼠必须得想象穿越一个它们以前从未去过的地方会是什么样子。为此,它们不能仅仅只从往日记忆中进行搜索并回放先前的想象;它们必须利用旧经验中的许多片段来创造新的主观体验。在这里,想象必须主导认知过程,并如法国启蒙哲学家伏尔泰所说的那样,"以无穷尽的各种可能性"将往日的意象结合进新的意象里[50]。我想奥拉夫斯道蒂和她的团队将睡眠中的大鼠的内心操作是描述为"预放"行为,而不是"回放",因为他们知道大鼠正在设想一种他们在现实世界中从未遇到过的可能场景。大鼠不是在回忆,而是在推想。它们的行为被认知科学家称为"精神上的时间旅行"(mental time travel),这是一种"在精神上超前推想自己……应对未来可能发生的以前没遇到过的(pre-live)事件"的能力[51]。

奥拉夫斯道蒂的发现也把情绪引入话题,因为这种精神上的时间旅行并非没有任何情感色彩。相反,这显然是由过去的情绪体验所驱动的。对某个臂的情绪偏好(或"加上标记")是导致老鼠梦见大米的主要原因,这与当代的观点相呼应,即梦和情绪形成了一种双螺旋结构,如果我们试图解开它的链,它的完整性就会崩溃。我们在第 1 章中讲过,大鼠经常梦见它们经历过的情绪体验,但现在我们必须补充一点,它们也梦见它们想要有的情绪体验。它们梦想它们那小小的啮齿动物心中所渴望的东西。

那么,即使对大鼠来说,我们是否也可以说梦是弗洛伊德"实现愿望"的手段呢?有些人可能会不假思索地立即否定,但由于这些发现,我们不能否认弗洛伊德在《梦的解析》第三章中所说的话听起来非常摩登:

> 我不知道动物究竟梦见到了什么。我很感激我的一个学生告诉我们的一句谚语,这句谚语是一对问答:"鹅梦见什么?""玉米。"梦是实现愿望的整个理论就可以用这两句话来加以总结[52]。

补充说明这段话的脚注也说明了这一点:

> (山道尔·)费伦茨([Sándor] Ferenczi)引用的一句匈牙利

  谚语就说得更清楚了:"猪梦见橡子,鹅梦见玉米。"一句犹太谚语问道:"母鸡梦见什么?""小米。"[53]

对此,让我补充一句我自己编造的谚语:"大鼠梦见什么?当然是大米,至少在人类实验室里是这样。"

动物噩梦,梦中惊魂

  可悲的是,并非所有的动物梦都是幸福和令人振奋的。有些梦是黑暗的和令人痛苦的。这就是令人心碎的动物噩梦,这使早期基督教辩解者特图利安(Tertullian)悲哀地将睡眠扭曲为"死亡的镜子"。然而,我们可能正是从动物噩梦中,也许比在它们的其他梦中,更清楚地观察到它们内心生活的情感强度。

  在 2015 年《自然》杂志上发表的一项研究中,一组科学家发现,大鼠在长时间暴露于身体和心理创伤后会经历心神不安的噩梦。在神经药理学和行为神经科学专家 B. 俞(Bin Yu)的带领下,研究人员将大鼠放在一处封闭场所,并用透明的屏障将这些大鼠分成两组。对第一组的大鼠,电击其脚,使其在身体上受到酷刑,脚是大鼠身上一个非常敏感的部位。第二组被强迫观看第一组在透明屏障的另一边遭受酷刑,从而遭受心理折磨。第一组的成员每十分钟接受一次强度增加的电击。与此同时,第二组的成员无助地看着它们的朋友在疼痛中跳跃、挣扎、尖叫,直到最后由于疼痛而大小便失禁。大鼠受到了这种可怕的身体和心理暴力的组合,直到它们"适应"(modeled,这是科学家用来描述动物对刺激习惯化过程的一个术语)为止,此时,大鼠才最终被从它们的酷刑室中取走[54]。

  实验本身就是一场噩梦,但并没有就此结束。21 天后,将大鼠重新引入同一封闭场所,观察它们是否记得它们受到过创伤的地点。它们刚一进去，就显示出作者所说的"完全木僵的行为"。它们一动不动，不行走、走来走去或奔跑；它们没有尖叫、撕咬或装死；它们没有缩在角落里或试图逃跑。它们僵住了。作者告诉我们"除了呼吸之外"，没有任何动作，它们变得像雕像一样[55]。

接着而来的就是做噩梦。

当大鼠睡着时，它们做的噩梦非常可怕，以至于它们经常在恐慌中醒来，研究人员将这种行为称为"吓醒"（startled awakening）。对吓醒前脑活动的脑电图分析表明，大鼠正在经历由创伤记忆引发的噩梦。似乎在大鼠睡眠周期的某个时刻，它们会重拾对不太遥远的过去的记忆，并以梦的形式重新生活于其中。由于这些记忆在情绪上是痛苦的，重拾记忆激活了杏仁核，引起了强烈的恐惧感。事实上，这些记忆对情绪的破坏性太大，以至于它们扰乱了通常将杏仁核保持在正常范围内的神经回路，尤其是下边缘（infralimbic）皮层和腹侧前扣带回皮层，导致杏仁核"除抑制"（dis-inhibited）或"功能亢进"。由于这种除抑制作用，大鼠不仅体验到恐惧，它们的恐惧还与时俱增——越来越强，并且没有丝毫缓解的迹象[56]。

在正常情况下，大鼠会通过激活"或战或逃"系统来应对这种不断增强的恐惧。不幸的是，创伤也破坏了这个系统，使动物陷入高度警戒状态，无法通过战斗或逃跑对环境做出反应。荷兰精神病医生贝塞尔·范德科尔克（Bessel Van der Kolk）在《身体留下痕迹：脑、心智和身体在治愈创伤中的作用》（*The Body Keeps the Score: Brain, Mind, and Body in the Healing of Trauma*）一书中解释说，当生物受到威胁时，它有三种一般反应可供选择。第一种是"社会参与"，这需要向他人寻求帮助。当这种选择失效时，尤其是在威胁严重且迫在眉睫的情况下，生物体可以采取"或战或逃"反应。不幸的是，有时情况极其严重，以至于生物体既不能战斗也不能逃跑。在这种情况下，生物体别无选择，只能激活"最终应急机制"，此时它"逃避现实、崩溃和木僵"[57]，作为最后一招，只能一动不动以图生存。

我相信，这就是在 B. 俞的实验中的那些大鼠的遭遇。当它们被重新放到原来的场所中去时，使它们又想起了受到过的创伤，它们的身体突然不由自主地、突然而又痛苦地停顿了下来。当它们在睡眠中通过心理回放记起受到过的创伤时，它们就进入了实验人员所说"紧急情况"。这种情况是灾难性的，使大鼠别无选择，只能进入休克状态，并在抽搐中醒来[58]。这整个事件中最令人沮丧的一个方面是，即使这些可怜的动物最终从噩梦中醒来，它们也未能从创伤中"醒来"。一旦它们被"塑造"了，它们的生活就别无所有。从那一刻起，它们终其余生都只能交替地在醒着和做梦之间交替重演自己所受的酷刑[59]。

这些噩梦实验除了揭露我们在以科学的名义之下残害动物的集体意愿令人恐惧之外，还告诉我们创伤破坏了生物的情绪特征，以至于它开始模仿创伤后应激障碍（PTSD）的行为症状，包括不断回忆令人不安的记忆、突然闪回（flashback）、因境生情所引起的情绪忧虑、睡眠困难、睡眠时惊吓反应加剧和慢性噩梦[60]。噩梦尤其会在情感上给动物留下伤痕，阻碍它们的认知功能。因为噩梦通过不断的回放强化了痛苦的记忆，所以动物更容易发展出适应不良的睡眠模式，导致它们在清醒时失去注意力，陷入木僵行为[61]。正如加拿大精神病医生劳伦斯·基尔迈尔（Laurence Kirmayer）所观察到的，创伤和噩梦之间的关系是双向的，"创伤引发噩梦，噩梦导致更多想到创伤[62]。"

在这种致命的心理循环中，不仅仅是啮齿动物。大象也会遭受类似的命运。由于其强大的记忆和复杂的社会生活，经历过强烈创伤事件的幼象，例如目睹偷猎者屠杀其母亲和用电锯切割其象牙，将这些可怕的景象存储在其长期记忆中。后来，它们不由自主地想起这些记忆，形成了只能称之为创伤后应激障碍的症状[63]。这些记忆"在白天

（以闪回的形式）萦绕在它们的脑海中，并经常在夜间以噩梦和夜惊的形式重现，使幼象再次受到创伤[64]。"

噩梦破坏了幼象的情绪稳定性，使它们陷入恶性循环，无法从最初的创伤事件中解脱出来。杰弗里·马森（Jeffrey Masson）在其著作《大象的哭泣：动物的情感生活》(Elephants Weep: The Emotional Lives of Animals)中报告了这种创伤的影响：

> 动物行为学家不太可能承认恐怖会在动物的梦中重现。然而，来自肯尼亚一家"大象孤儿院"的报道称，非洲幼象目睹其亲属被偷猎者杀害，并目睹象牙被切掉。这些小动物在夜里尖叫着醒来。除了深度创伤的噩梦记忆之外，还有什么能引发这样的夜惊呢[65]？

芭芭拉·金（Barbara King）是一位专门研究动物情绪的生物人类学家，她描述了一只名叫恩杜姆（Ndume）的幼象的生活，它最终养育在肯尼亚内罗毕国家公园的大象保育所：

> 恩杜姆是一头幼象，全家一起在肯尼亚野外生活。当这家象从森林漫游到农作物播种区时，大象遭到袭击，许多大象被愤怒的农民挥舞长矛和箭杀死。恩杜姆自己设法逃走了。然而，它看到身旁的一头比它更小的象被砍成了碎片，它自己也受到了惊吓和刀伤。恩杜姆被带到内罗毕郊外一个名为戴维·谢尔德里克野生动物信托基金会（David Sheldrick Wildlife Trust）的大象保护区。袭击发生时，它只有三个月大，在到达保护区后，它开始为死去的母亲大哭大叫。它睡不好。保护区专家认为，它在梦中重温了袭击的创伤。之后恩杜姆变得沮丧[66]。
>
> 晚上，恩杜姆忧心忡忡，伤心欲绝，它会尽可能大声地吼叫，

肯尼亚内罗毕一家大象托幼所的孤儿幼崽被噩梦惊醒,并在夜间四处游荡,寻找被象牙贩子杀害的母亲。许多小象变得严重抑郁

直到它的饲养员把它从睡房里放出来,这时它会在黑暗中四处翻找,疯狂地寻找一位它永远再也找不到的母亲[67]。其他保护区,如赞比亚南卢安瓜国家公园(South Luangwa National Park)的大象康复中心也有类似的大象噩梦报告[68]。

非人灵长类也是如此。因在20世纪70年代和80年代在斯坦福大学教授大猩猩美国手语(ASL)而出名的美国心理学家弗朗辛·佩特森(Francine "Penny" Patterson)回忆说,她照顾的大猩猩之一迈克尔(Michael)为童年早期创伤造成的噩梦所苦。它经常半夜醒来尖叫,有时在事后立即向帕特森做手势:"坏人杀死了大猩猩[69]。"就像肯尼亚和赞比亚的幼象一样,迈克尔在很小的时候目睹了它母亲被人所杀,这一次是死于喀麦隆野味贩子手中,后来这同一群贩子又把它关了起来,当时它还不满三岁。当被问到,在它已经成年之后,"关于你母亲,你能告诉我们些什么?"

迈克尔用 ASL 符号序列做了如下回答:

> 西葫芦,大猩猩嘴巴,牙齿
> 哭叫
> 尖锐的噪声,响
> 坏
> 想麻烦
> 看脸,切,脖子,嘴唇,女孩,洞[70]。

就帕特森记忆所及,迈克尔一直害怕"在树间干活和砍树"的男人[71]。

动物研究学者康塞普西翁·科尔特斯·祖鲁埃塔(Concepción Cortés Zulueta)将迈克尔的一串手势解释为非人类的"创伤表示",这与比较心理学的证据一致,即幼年失去母亲的灵长类动物会发展出伴随其一生的生理、行为和心理障碍。专门研究跨物种母婴关系的哲学家和心理学家玛丽亚·博特罗(Maria Botero)认为,失去母亲对年轻的灵长类动物来说可能是一场毁灭性的灾难:

> 失去母亲会对孤儿的一生产生多种行为和神经生理学影响。在一些物种中,孤儿的生长速度、繁殖能力和寿命都会下降,并对健

康、社会地位和情感发展产生负面影响，如焦虑行为和对成功地参与社会互动的能力产生影响，参与游戏和其他社会反应都下降了，而异常行为会有所增加，如嗜睡、摇摆，还有拔头发[72]。

这些影响对像迈克尔那样"由于野味习俗和宠物交易而成为孤儿"的灵长类动物尤其明显[73]，对如迈克尔那样随后又与其他同种动物隔绝，并被长期圈养的灵长类动物则更为严重[74]。

对于动物来说，夜晚是可怕的，充满了恐惧，这对它们的情感生活带来了深刻的问题。任何在太阳下山后经受不起这种可怕景象的动物都必须得把过去的情节储存在长期记忆中，在以后再记起这些情节，并体验与之相关的强烈情绪，如恐惧、攻击、恐慌、焦虑和恐怖[75]。这些情绪是这些动物为了能茁壮成长所需的社会依恋的活生生的证明。首先，它们要有一个情感框架来组织它们的生活，并给它们在世界中的经历赋予意义和结构。

这里所讲的事实令人难以承受。我们已经听说过大鼠被人类科学家加在其脑上的恐惧烙印所折磨；我们听说过关于那些在半夜醒来尖叫的小象，它们面对着没有母亲的灰色生活前景；我们也听说过关于一只被人类贪婪所伤害的大猩猩，它显然把最初对喀麦隆野味贩子的恐惧转移到了加利福尼亚州帕洛阿尔托（Palo Alto）的大学教职员身上。简言之，我们听说过最具破坏性的情感伤害，那就是受到跟踪和追捕，并最终葬身口腹。所有这一切都是在梦的背景下发生的。

元认知意识：动物能神志清醒地做梦吗

当我们做梦的时候，即使这些梦违背了最基本的逻辑和物理定律，我们通常还是会体验到一连串事件在我们眼前展开，就像一幕幕现实生活似的。这是因为做梦削弱了我们反省自己体验的能力，使我们意识不到自己在做梦。这种元认知监督的降低是梦现象学的一个显著特征，因此自17世纪以来，大多数哲学家首先将梦解释为认识论问题，这是我们在通往获得真正知识的道路上必须要加以克服的障碍。正如1641年笛卡尔在《第一哲学沉思录》(Meditations on First Philosophy)中所提出的问题，如果我们无法知道自己究竟是醒着还是在做梦，我们又如何有把握知道任何事情？如果我们的感官似乎在欺骗我们，竭尽全力阻止我们分辨真假、梦境和现实，我们又怎么能相信我们的感官呢？

虽然做梦的这一个方面值得做进一步的分析（特别是因为它对人类生活中理性中心性的假定提出了尖锐的问题），但当我们做梦时，我们并不总是处于元认知障碍的状态,这让法国"现代性"（modernity）*之父感到烦恼。偶尔，我们会在做梦过程中恢复元认知能力，并在头脑清醒的瞬间意识到自己在做梦。作为笛卡尔同时代的哲学大师之一，德国哲学家戈特弗里德·威廉·莱布尼兹（Gottfried Wilhelm Leibniz）在1668年发表的《天主教示范》（Catholic Demonstrations）中写道："有时，做梦者自己观察到他在做梦，但梦仍在继续。在这种情况下，必须认为他好像醒了一小段时间，然后再次受睡意之所困，重新回到了以前的状态[76]。"当这种情况发生时，做梦者经历了一场"清醒梦"（lucid dream）[77]，这是一种特殊的梦，其最显著的现象学特性是存在"对自己现在正在做梦的事实的元认知领悟"[78]。清醒梦非但没有损伤我们的元认知能力，反而加强了我们的心理灵活性、好奇心甚至自

---

* 现代性是人文科学和社会科学中的一个主题，它既是一段历史时期，也是在17世纪"理性时代"思想和18世纪"启蒙运动"所产生的特定社会文化规范、态度和实践的集合。一些评论家认为，现代性时代结束于1930年、1945年第二次世界大战，或20世纪80年代或90年代；接下来的时代被称为后现代。——译者注

由感。通过清醒梦,我们甚至可以"异常清晰地认识到,看似无疑是外在的、客观的、物质的和独立的世界,实际上却是一个内心的、主观的、非物质的心灵创造物[79]。"难怪许许多多梦专家在谈论清醒梦时充满诗意,并将其称为"神奇"和"奇迹"——因为这些梦将我们推进一个迷人的存在境界,在这种境界里,我们的脑不知如何拉开了梦境的错觉面纱,而同时正如莱布尼茨所说的那样"仍在继续做梦"。在这个超现实境界里,我们在生理上处于睡眠状态,但在认知上处于觉醒状态。

在这一节中,我通过考虑梦的清醒体验(通常被视为元认知的一个例子)是否只有人才有,或者它是否也可能存在于其他动物的头脑中,来结束我对意识 SAM 模型的介绍。

清醒梦:规则的例外

在认知科学和心智哲学中,普遍认为清醒梦是"元认知"(metacognition,来自希腊语 meta,意思是"来自上面")的实例,它表示一种独特的觉知形式,涉及思考"思考"本身或觉知到"觉知到"[80]。心理学家特雷西·卡恩(Tracey Kahan)在一篇关于这一主题的很有影响的文章中解释道:

> 做梦者在继续做梦的同时意识到正在做梦的梦被称为"清醒梦"……在梦中做到清醒需要对梦中发生的经历进行评估,这一过程称为"元认知监控"(metacognitive monitoring)。元认知包括但不限于监控一个人的思维过程和对其进行刻意引导[81]。

在卡恩的解释中,清醒梦是元认知活动,因为在梦中,做梦者将他们的意向性（即他们内心关注的焦点）从他们内心状态的内容转向他们的整个内心状态。换句话说，做梦者不再关注梦中出现的事物，而是开始关注这些事物出现的模式，也就是梦本身。

似乎有一项科学共识，这就是只有人类才能清醒地体验到自己在做梦，因为只有我们才是元认知主体，能够思考自己的想法并觉知到自己的觉知。与我们相比，所有其他动物都是自己有限心智的囚徒，被迫终身都生活在自己内心状态的"内部"，而无法"从上面"观察自己的内心状态。尽管随着在行为和认知动物科学中有越来越多的动物元认知的证据，这种共识开始瓦解，但参与这类研究的人都没有想到过通过研究动物梦来洞察动物元认知的本质。

原因很简单。长期以来，人们一直认为，做清醒梦需要有科学家和哲学家历来颂扬为只有人类才拥有的所谓"高级"认知能力，特别是语言、概念和理性。谁会期望卑微的动物也能达到如此惊人的高度呢？正如梦专家乌苏拉·沃斯（Ursula Voss）和艾伦·霍布森（Allan Hobson）所解释的那样：

> 我们没有做清醒梦的动物模型，因为我们有充分的理由相信，如同在做清醒梦中所观察到的那种自返领悟（reflective insight）一定要有足够的语言能力才行，人们认为这种语言能力是形成抽象思维或报告这种思维的必要条件。因此，我们假设比人类低等的缺乏明显语言能力的哺乳动物，不能够做清醒梦或报告它们的非语言梦[82]。

请注意，以沃斯和霍布森为代表的主流立场建立在一个有关语言的论点之上。语言使我们得以上升到精神抽象的领域，由此得以处理抽象概念，这是清醒梦"自返领悟"特征的先决条件。没有语言，动物就无法进入这种抽象领域，因此也就"无法变得清醒"[83]。

我不否认我们目前还没有任何动物模型可用来研究梦的清醒性（lucidity），因为我想不出如何在受控的实验室条件下研究其他物种的清醒性，但这个问题的关键是哲学性的。为什么我们必得接受沃斯和霍布森对支持清醒性的精神过程的语言解释？为什么没有了抽象性、概念性和理性，清醒性就不能在语言框架之外表现出来？谁来决定这些能力究竟是不是清醒性的命脉，还是清醒性可以独立存在？这种结论的根据又是什么？

接下来我要提出关于清醒性的另一些思考方式，这些方式从做梦的物种间理论的立场出发更富有成效，并说明其他动物也可能拥有这种能力。这些其他的思维方式在梦的清醒性的概念性体验和前概念性体验之间，或者换句话说，在对清醒性体验本身及其可能但不一定要执行的无数认知操作之间，形成了一个我们可以大致理解（尽管不那么精确）的对比。

清醒性的一种两面理论（A Janus-Faced Theory of Lucidity）*: A-清醒性与 C-清醒性

哲学家詹妮弗·温特和托马斯·梅辛格对清醒性的概念性体验和前概念性体验进行了区分，并批评当代梦理论模糊了两者之间的界限。他们称这些体验为：

> A-清醒性（"A"表示"注意力"，attention），做梦者体验到"自发的领悟"知道他们正在做梦，但并不执行任何进一步的认知

---

* Janus 是神话中守护门户的两面神。——译者注

或元认知操作，这时发生的清醒性就是 A-清醒性；

C-清醒性（"C"代表"认知"，cognition），做梦者体验到"自发的领悟"知道他们正在做梦，然后由此出发做进一步的认知或元认知操作，如概念判断、理性推理或语言报告[84]。

这两种类型的清醒性虽然密切相关，但却并不相同。在第一种情况下，做梦者只是注意到他们在做梦，而在第二种情况下他们也注意到了这一点，并据此做出更明确的认知操作，例如对梦中世界发生的事情进行随意控制，对自己的内心状态进行推断，甚至做出"这是梦"这样的有意识的内心判断。如果是 A-清醒性，做梦者只是注意；而对 C-清醒性来说，他们不仅注意还能认知。

温特和梅辛格将这两种类型的清醒性之间的关系视为单向蕴涵，这就是说所有有 C-清醒性的情形都必然有 A-清醒性，但反之不然。他们解释说，其他研究人员的错误在于，仅仅因为他们在实验室中研究的梦是典型的、成年人的梦，这种梦通常包含注意和认知成分，他们就假设所有的清醒梦中必然也都有这两种成分。不幸的是，这一假设犯下了哲学家所谓的"分体论谬误"（mereological fallacy），这是一种推理错误，源于将只适用于部分的属性推广到了整体。这种谬误使梦研究者相信，对某些清醒梦是正确的，对所有清醒梦也是正确的，因此将 A-清醒性和 C-清醒性之间的关系视为双向蕴涵，这是一种错误。正如温特和梅辛格所说，在清醒梦中，一个人不注意就无法认知，但一个人可以注意而无认知。这正是 A-清醒性的情形，这是一种没有认知的清醒性。它是没有语言、概念或理性的梦元意识（dream meta-consciousness）。

在这个问题上讲到和动物的关系颇为棘手，因此让我首先指出，温特和梅辛格明确表示，C-清醒性仅适用于"能够自我导向形成概念（self-directed concept formation）的理性生物"，在他们眼中，这只包括人类。在这里，他们遵循的是主流观点。我觉得有些动物拥护者可能会认为这一结论过于草率，并想知道温特和梅辛格所说的"概念"和"理性"究竟是什么意思，因为在比较心理学中有大量证据表明，许多其他动物能形成抽象概念并进行理性操作，包括逻辑推理和数学计算[85]。根据这些证据，断言只有人类才能形成自我导向的概念（当然，这取决于这些术语的定义）还很不清楚。虽然这一思路是一种宝贵的提醒，我们不要过早地给动物下结论，但我相信还有另一个角度值得探讨。如果我们不去伤脑筋考虑是否应将动物排除在这种更复杂的清醒性类型（C-清醒性）之外，而是把注意力集中在动物是否可能有要求不那么高的对应类型（A-清醒性），那会怎么样？如果我们接受动物在梦中能体验到A-清醒性，那对我们来说意味着什么呢？关于他们的自返能力，以及说得更普遍一点，关于他们作为元认知主体的地位，这会告诉我们些什么呢？

温特和梅辛格用两种方式来定义A-清醒性。其中的一种方式是，他们将其定义为"自发领悟"（spontaneous insight），他们观察到一些做梦者在做梦时突然意识到自己在做梦，即使这种意识在之后并不导致认知或元认知操作，这些做梦者就是在做A-清醒梦。另一种方式是，他们将其定义为"内省注意力"（introspective attention）。在清醒梦中，做梦者的心智返回到心智本身，同时既是主体又是客体。在这种自返状态（pleated state）下，心智进行了内省。心智从内部观察自己。通过这两种方式，温特和梅辛格把A-清醒性描述为当做梦者在做梦时专注于自己内心状态的内心过程，由此将这些状态转化为一种新的、更高层次的内心状态的内容。

按照大多数标准，这种关于A-清醒性的说法并无什么奇特之处。令人感到奇特的是温特和梅辛格断言这"是许多动物都能拥有的东西"[86]。显然，在他们看来，许多其他物种可以将它们的精神焦点向内转移，并注意到他们在睡眠中体验到的像梦那样的性质。这些物种甚至可以在某种程度上"领悟"到这种体验，即使它们从未进行过人类做梦者所做的任何认知操作，如理性推理、玩弄抽象概念或做出复杂的智力上的判断。不幸的是，温特和梅辛格从来没有告诉我们哪些动物可能具有这种非凡的智力，因为他们只是顺带说到这个问题，并没有深入探究其中的含义。但我们不应该因为他们没有具体说清楚就忽视其关键所在，即当代梦研究中的两位有影响力的人物认为，其他物种完全有可能在做梦过程中间体验到精神上的清晰性（mental clarity），卡恩会把与此同类的清晰性归诸"元认知监控"的范畴之下。尽管并没有解决所有的细节问题，从动物意识哲学的角度来看，这确实是一种根本的变化，因为这意味着其他动物可能和我们一样，是元认知主体，它们觉知到自己的觉知，并在梦中实现！

动物元认知：从概念判断到具身感受

大多数梦专家相信只有人类才能做清醒梦，因为要想定义梦的清醒性总要涉及下列两个时刻：

1. 当做梦者从他们沉浸其中的知觉场中脱身而出，转而把这整个知觉场作为一个整体来加以监视的分离时刻，这相当于做梦者把其意向性重新定向。

2. 做梦者将一个具体的特定事物归类到一个抽象的概念之中，最终做出某个内心判断（例如，"这是一个梦"）的时刻。

虽然许多人认为这种解释很有吸引力，但我担心它是完全基于哲学概念,这些概念造成的模糊甚于它们所能澄清之处,比如"判断"的概念。在当今许多学术型哲学家的眼中,"判断"本身就先验地把动物排除在外,因为它隐含着一种具有命题结构(换句话说,主语加谓语)的主观态度[87]。由于动物不会用主语和谓语陈述命题,因此它们被认为天生就无法形成内心判断。这些哲学家尽管对动物睡眠研究或梦科学所知甚少,却断然否认动物可以体验清醒梦。但我们必须要问:这种否认从何而来?它是来自对所考虑的现象的仔细研究呢,还是来自对一个哲学概念的不加批判的接受?这里起作用的究竟是什么?是理论呢还是其中所用的术语*?

要想认识这种严重性,请想一下当我们把上面第二个时刻中的"判断"一词替换为"感受"一词时会发生什么;我们得到的并不只是对清醒性的一个新描述,而是最终得到了一个有关清醒性的新概念,事情很快就开始变得类似于温特和梅辛格的A-清醒性概念。根据这一修改后的说法,如果动物有以下情况,就可以说它们做了清醒梦:

1. 刚脱离自己沉浸其中的知觉场,并转而注意知觉场本身的那一分离时刻。
2. 它们以情感和具身化的方式感觉到有所感受的时刻,这时的知觉场和它们觉醒时知觉到的场有所不同。

一旦用这种情感和具身化的感受取代了判断这种认知操作,就更容易明白动物如何能够在梦中体验到清醒性,即使他们对世界的体验并不

---

* 原文是:"What is doing the work here: the theory or its terminology?"请教了作者这句话的意思。作者的回答是:"究竟是什么导致了我们得出这个结论,究竟是理论导致了我们做出这个结论,还是仅仅是理论所使用的术语让我们得出了这个结论?这些术语是否也可能会误导我们?"——译者注

通过语言、概念或理性的介导。在这里，清醒性表现为一种前概念和前认知的感受，在梦中会自发地接管动物的精神生活[88]。

这种感受究竟如何？这是不可能确定的，但请允许我提出一个有一定道理的设想。这可能是因为动物对它们在觉醒时的知觉场非常熟悉，所以就像在梦中那样，如果这种场的某些方面出了错，它们就能直观上发现出来。也许是其内容过于怪异，从而引起它们的注意。也许其内部组织过于奇怪，足以引发不同的反应[89]。不管究竟是哪种原因，这种知觉上不一致的感受可能会促使动物关注梦的状态本身，而不是它的内容，从而导致在一瞬间把这两者分离开来。然后，如果在此基础上，动物在前概念水平上认识到这一知觉场不同于它们觉醒时的知觉场，那么这一认识就相当于某种"自发领悟"。也许这就是清醒性在动物身上的表现方式：与其说它是一种运用概念的判断操作，不如说它更像是一种直觉，即它们的感知体验中什么地方有些不对劲，有些东西根本就说不通。正如哲学家马克·罗兰兹（Mark Rowlands）所解释的那样，许多动物不需要复杂的智力判断就能知道"有事情发生了"[90]。

要在这里说清楚的一点是，我并不是说动物所体验到的清醒梦就是C-清醒性意义下的清醒梦。实际上，我甚至都不是说它们体验到了A-清醒性。我承认有关动物清醒的想法是推测性的，当我们说到这一点时，我们还缺乏坚实的基础。然而，这个想法可能没有许多人想象的那样牵强，其原因有好几个。首先，正如我们讲过的那样，有一些有科学根据的梦理论与之相容[91]。其次，关于动物元认知的文献数量迅速增长，这些文献告诉我们许多物种都有觉知到自己有觉知的迹象[92]。因此，问题不再是动物是否可能有元意识，而是如米歇尔·茹韦所说，动物是否"在睡眠的迷宫中"也有元意识。再次，功能神经解剖学研究表明，许多动物，特别是哺乳动物，拥有一些脑结构与人类做清醒梦的脑结构（尤其是背外侧前额叶皮层）在进化上同源或功能上相似[93]。

关于这一点，我们还应该补充一句话：即使是那些怀疑动物清醒性的人在这一点上也并不总是前后一致的。例如，在上面引用的文章中，霍布森和沃斯坚定地认为，没有清醒性的"动物模型"，因为动物缺乏语言，而语言则是抽象思维的先决条件。然而，在早些时候的一份出版物中，他们的论调却与前截然不同，认为一些动物，特别是鸟类和灵长类动物，确实可以在睡眠期间体验到"对觉知的觉知"[94]。我不知道他们为什么会改变主意，但如果他们稍早的见解最后被证明为是正确的话，这可能会极大地改变我们对动物心智的看法。因为这意味着可能也有生物像我们一样会在梦中清醒，而不只是从梦中醒过来。这些动物也许是在美国西南部草原上飞翔的乌鸦，在刚果河以北森林里漫游的黑猩猩，或者是在澳大利亚北领地用火将猎物从田野里赶出来的麻鹰（black kites）。这些生物，即使如我们再次引用莱布尼茨所说，"还在继续做梦"，同时却拉开了梦的错觉面纱。

梦研究方法的优点

在这一章中，我们依靠梦研究，已经在向建立动物意识理论方面取得了一些进展。通过关注保罗·曼格和杰罗姆·西格尔称之为"睡眠中的精神活动"的主观、情感和元认知动力学[95]，我们试图加深对动物心智的认识，与此同时对当代动物意识理论的教条提出挑战*。现

---

* 原文是："while at the same time stirring contemporary theories of animal consciousness from their dogmatic slumbers"。作者对这句话的意思解释如下："这意味着我（或我们，也就是连读者也包括在内）一直在分析梦（睡眠中的内心状态），通过这样做，我们挑战了当代的动物意识理论，这就是要更认真地对待梦。通常，这些当代理论本身就是'教条主义'的，因为它们只关注觉醒时的经验。"——译者注

现在，作为结论，我要讨论一下这种"梦"研究方法的两大优点。

首先，这使我们得以避免对动物意识最常见的反对意见之一，我把这种反对意见称之为"行为主义还原"（behaviorist reduction）。这种反对意见认为，我们不能用动物的行为作为有意识觉知的证据，因为这些行为可能只不过是对外部刺激的无意识反应，而这些反应植根于先天反射、进化本能，或学得的联想。例如，当我每次回家时，我的狗奥萨（Osa）都会摇尾巴，我可能会相信这是因为它很高兴见到我，但它摇尾巴可能只是一种固定不变的可预期的反应，由它的环境、进化遗传或个体经历中的某些东西所触发。也许这是所有狗在长时间独处一隅后对其他动物的反应。也许狗在人类环境中已经进化成这个样子了。也许奥萨学会了将我的到来与奖励联系起来，比如被抚摸、喂食或出去遛。不管怎样，仅仅因为我进门时它摇了摇尾巴，就说它很高兴见到我，我在多大程度上能论证说事情就是这样的呢？

请注意，在上述每一种解释下，奥萨都被简化为某种牵线木偶，外部世界牵线的力量这样或那样地拉动它。它没有自己的动作；它只是被动执行。它不会想；它只是处理刺激。它感受不到正面或负面的情绪；它只对奖惩有反应。在我看来，这种还原论的危险性是在于，总是可以从行为主义的角度解释动物的行为；也就是说，脱离任何内心表征或内部现象学。一个人根据自己的背景假设和理论信念，总是可以将一个生物体最复杂的行为归结到简单和可预测的反应，特别是当他忽视这样做时丢失了些什么东西的时候就更是如此。

然而，做梦却对这种还原论概念体系提出挑战。我想没有人会真诚地认为，狗梦见追逐球或猫梦见与敌人战斗是对外界命令做出的反应，因为在这些情况下，根本就没有外界可言。在这里，"球"和"敌人"是动物纯粹靠内心活动想象出来的内源性现象。它们都是这些生物靠想象力虚构出来的事物。因此，这就需要一种超越行为主义还原论所能提供的解释。正如认知神经科学家马蒂娜·潘塔尼（Martina Pantani）、安吉拉·塔吉尼（Angela Tagini）和安东尼诺·拉丰（Antonino Raffone）在讲到人类梦时提出的观点：梦中的内容是想象出来的，这对那些试图彻底否认内心状态的意识理论构成了难以回答的挑战[96]。

梦研究方法对研究动物意识的第二个好处是，它暗示我们与许多其他物种共享精神自由。哲学家米歇尔·福柯（Michel Foucault）一生都对解释梦的历史保持着浓厚的兴趣，他认为我们的梦显示了我们最原初的自由，也就是我们超越的自由[97]。梦使我们从直接的领域跳跃到间接的领域，从内在的领域跳跃到超越（transcendence）的领域。福柯说，梦是"想象出来的超越体验"[98]。它是"人类最原初形式的自由"[99]。

诚然，福柯在写这篇文章时并没有想过有关动物梦的问题，我们很难从他的作品中找到任何类似于动物超越理论的东西。但不难看出，他的思想可以被归入非人类中心主义的做梦理论中去。事实上，我们可以在福柯的同胞、哲学家和神经学家鲍里斯·西鲁尼克（Boris Cyrulnik）的著作中发现比福柯的论点更有包容性，也适用于动物的类似说法。2013 年在接受法国杂志《鸡冠花》（*Le Coq-Héron*）采访时，西鲁尼克也像福柯一样，声称梦"脱离开了现实"，通过梦，生物可以把自己从此时此刻中解放出来。他说道："做梦的生物脱离了直接性[100]。"然而，与福柯不同的一点是，西鲁尼克认为梦的超越并不在于做梦者是不是人，而是在于做梦行为本身。我们并非因为我们是人才超越；而是因为我们是做梦者才超越。其他具有复杂神经系统的动物也是如此，如猫、狗和长颈鹿。它们也都通过做梦通向自由。它们也通过类似于萨特所说的"创造性意志流"（a flow of creative will）[101]之类的东西，在睡眠过程中生成对整个世界的模拟，这种流以否定现实实在在发生的事，而肯定可能发生的事而告终。简言之，它们也"通过想象"实现超越。

很难否认，梦将我们推向了动物意识研究的新前沿，在这样的前沿研究中，人与非人、存在性与生物性（the existential and the biological）*、超越与固有（the transcendent and the immanent）之间的界限开始变模糊。在本章中，我们研究了其中的三个方面：主观性、情感和元认知。接下来，我们要来看看第四个早已暗暗伴随着它们的东西：想象力。因为，正如罗马哲学家和诗人卢克雷修斯所说，做梦就是在头脑中看到自己所创造的、想象出来的形象，神奇的偶像"有节奏地向前舞动"[102]。

---

* 作者给译者的解释如下：在西方哲学中，存在条件（存在问题与我的人性有关，即与我的生死或对不被爱的忧虑之类有关）而和生物条件（生物问题只与生物体的结构本身有关）形成像人与非人这样的对比。——译者注

第 3 章

动物界中的想象

> 魂中仙乐何为者!
> 此光此荣此光雾,
> 美好力量创美好。
> 寄身何处复为何?
> ——塞缪尔·柯勒里奇(Samuel Coleridge)[1]

形形色色的想象

到目前为止,我们之所讲都集中在梦上,但梦并不能和有机体的其他精神生活截然分开。事实上,梦是哲学家奈杰尔·托马斯(Nigel Thomas)所称的"内心想象多维谱"的一部分[2],这种多维谱包括很大一类意识活动:想象行为、白日梦、幻觉、生动的记忆、闪回(flashbacks)*、快睡着和快醒来之前出现的半睡半醒状态下见到的景象、

---

* 所谓"闪回"就是把头脑集中到生动地回忆往日的事件。——译者注

催眠幻觉、假装游戏（playful pretense），以及在某些情况下，甚至是觉醒时的知觉。这些精神上突然迸发的事件可能有不同的神经基础和现象学特征，但它们有一个共同点：它们都是想象的产物。要讨论其中任何一个，包括讨论梦，都不可能不同时讨论想象，只有考虑了想象，才能找出其中的一种在其中所处的地位和真相。正如福柯所说，即使是最简单、最基本的梦也"打开了一个新的视野"，即想象的视野[3]。

不幸的是，传统上哲学家和科学家未能从其他动物身上看到想象的迹象，可能是他们自己的想象范围太窄，无法接受其他动物也能想象的想法[4]。甚至福柯也公然支持人类中心主义的想象理论，尽管他的著作一直被动物倡导者用于全球的动物解放斗争。福柯深信这种能力是人类生存的主要源泉，甚至敦促哲学将自己转变为一种"想象人类学"（anthropology of the imagination）[5]。

然而，根据我们现在对动物梦的已有认识，我们再也不能相信一种将想象局限在人类范围内的人类学理论。我们需要的是一种想象的动物学理论，这种理论愿意到人类世界之外去追踪这种能力，到动物生活生存的环境中去追溯其根源。在本章中，我通过两个案例研究去深入探讨这一理论，揭示梦与其他想象行为之间的重要相似之处，尤其是幻觉、假装游戏和白日梦。这些案例研究，一个有关灵长类动物，另一个则有关啮齿类动物，这些研究让我们认识到，人类并不是唯一一种像柯勒律治在讲到想象时所说的那种在度过一生中"灵魂中有音乐"的生物。

猴子明白，猴子照做（案例研究1）

1966年，心理学家盖伊·卢斯（Gay Luce）受聘于国家精神健康研究所（National Institute of Mental Health），为美国卫生、教育和福利部（United States Department of Health, Education, and Welfare; DHEW）撰写一份题为《睡眠与梦的当前研究》的报告。该报告旨在对睡眠和梦境研究领域的当前主要趋势进行调研，其主要目标是防止不必要的重复研究，促进跨学科合作，特别是心理学、精神病学、生理学和人类学之间的合作。

作为三次获得美国心理协会新闻奖（American Psychological Association award for journalism）的人，卢斯从一开始就以其高屋建瓴的行文吸引读者：

> 我们从黑暗中诞生，又在黑暗中逝去，在这之间有一股黑暗的浪潮在我们生命中的每一天起起落落，对此我们无从抗拒。1/3 的生命是在睡眠中度过的，这是一种最不寻常但又极其神秘的意识领域，在睡眠中，人似乎生活在觉醒世界之外的地方，通常没有任何活动，就好像已经逝去了一般。究竟为什么要睡眠？为什么动物会陷入这种静止期[6]？

接下来，卢斯相对完整地介绍了他那个时候的"心智天文学家"，特别是心理学家、生物学家和精神病医生对睡眠和做梦的认识，他给读者详细解释了睡眠生理学、哺乳动物睡眠周期的结构、睡眠剥夺的影响、和睡眠有关的失常的本质，以及梦的可能起源、原因和功能。

对幻觉的探索

在卢斯全长约 80 页的报告中，她在题为"快速眼动的梦状态"的一章中间插入一小段题为"动物梦"的内容，她在其中指出，我们可能并不是唯一一个经常出现这种"最不寻常但又极其神秘的领域"的物种，在那一节里，她描述了动物在睡觉时可能会体验到重演觉醒时生活的第一个有力的实验证据：20世纪60年代初，由查尔斯·J.沃恩（Charles J. Vaughan）在匹兹堡大学进行的猴子幻觉实验[7]。

沃恩将一群恒河猴放进一间感觉剥夺隔离室，每次一只，每当有图像投射到安装在隔离室内的屏幕上时，就训练它们用拇指以特定的速度按下按钮。否则，它们的脚就会受到电击。一旦这些猴子学会了在看到视觉图像时"按要求"按下按钮，就让它们经历一段感觉静默期（每次持续74～96小时），在此期间它们根本听不见或看不见任何东西。通过植入塑料角膜镜片，阻断了视觉刺激，而环境噪声则为机器所发出的白噪声所掩蔽。这个想法是阻塞猴子最重要的两种感觉，也就是听觉和视觉，以观察与呈现视觉图像相关的行为是否会突然恢复。沃恩的推理是，如果猴子在感觉剥夺期间按了按钮，这就意味着它们在黑暗中体验到了视幻觉，正如卢斯所说，"看到了东西"[8]。

在实验结束时，沃恩没有发现任何证据表明恒河猴在觉醒时会产生幻觉；相反，他发现了按理说更具争议性的东西：恒河猴在睡觉时"产生幻觉"[9]。很自然，在感觉静默期，猴子有时会睡着，奇怪的是，沃恩观察到有许多猴子按要求按按钮，这表明某种视觉体验正在触发条件反射。这种行为发生在快速眼动睡眠期间。卢斯解释道：

在这些快速眼动期，猴子们突然开始以疯狂的速度按按钮，就像觉醒时一样快速而有规律。有时它们在按按钮时还会做鬼脸，张开鼻孔，深呼吸，甚至吠叫。它们大概是在这些快速眼动期间"看到了东西"，并要避免受到与图像相关的电击。隔离期结束后，在训练环境中对猴子进行测试，以确保它们仍然对投影图像做出可靠的反应。在猴子醒着时，研究人员只看到过一次按按钮的情形，因此，他们几乎没有什么和幻觉有关的数据，但猴子在睡眠中体验到视觉意象的证据却非常有力[10]。

卢斯将此作为"非常有力"的证据，表明猴子"体验到对（它们的生活）的某种视觉上的'重演'"[11]，并在最后感叹我们对"动物意识的内部结构"所知如此之少。她坚信，更多此类研究将使我们能对这种内部结构有更坚实的认识，她沉思道："也许下一步，比如说训练猴子对特定图像或气味做出反应，可以让我们了解猴子究竟在做什么样的梦[12]。"

我相信沃恩的实验和卢斯对此的介绍提出了有关其他物种内心表征（mental representation）的有趣问题。在没有感觉刺激的情况下，猴子是如何在内心中为自己呈现视觉意象的？鉴于认知科学和心智哲学的许多专家认为命题语言是任何形式的内心表征的先决条件，猴子是如何在没有语言的情况下实现这种内心表征的？是不是这些动物从来没有产生过任何真正的内心表征？或者是这些专家被他们自己的以人类为中心的世界观误导了，即认为没有语言就没有内心表征？

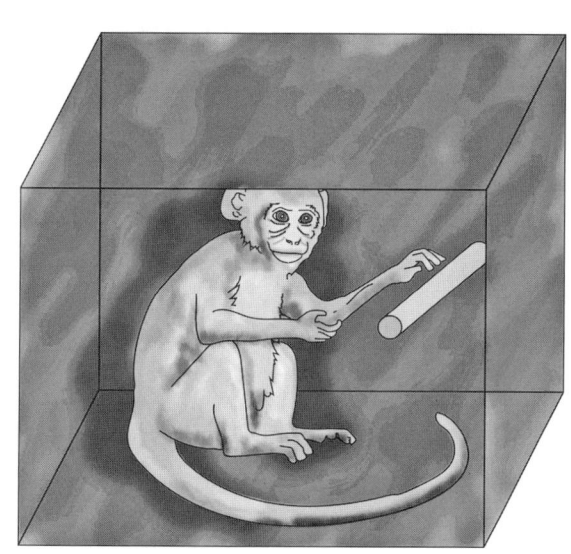

20世纪60年代，查尔斯·J.沃恩的感觉剥夺实验意外证明，恒河猴在睡眠期间会体验到内源性的视觉场景。这项研究提出了有关动物睡眠现象学的重要问题，同时也提出了关于在心理学研究中使用动物的伦理问题

因为我不相信语言对于丰富的内心世界是必要的，所以我赞成第二种解释。在我看来，我们应该问的问题并非"思维能在语言框架之外得以实现吗？"而是"除了语言，还有什么其他框架可以实现思想呢？"哲学家迪特尔·洛马尔（Dieter Lohmar）是位现象学专家，他对研究意识的语言学方法持批评态度，提出了一个有趣的答案。

灵长类动物的非语言表征

洛马尔在他 2007 年的一篇文章中认为，现在是摒弃下列过时观念的时候了，即表征世界的唯一方式是通过语言媒介，这一观念源于对人类能力的自恋崇拜。毫无疑问，语言是生物体用来表征世界的一种媒介，但并不是唯一的媒介。甚至人类也"多模态地"表征他们的环境[13]，也就是说，同时使用几种表征模式，其中包括：① 使用词、概念和命题的语言概念模式；② 借助想象生成视觉场景的场景模式（包括人、物体和事件的场景）；③ 通过产生和解释手势、体姿和面部表情进行的姿势模式；④ 回想过去的情绪、感受和身体感觉的情绪模式。洛马尔认为，人类通过所有这些模式来进行思维。

洛马尔把内心表征描述为是多模态的，这样他就打开了不用语言进行思维的可能性之门，因为人类可以通过激活他们所掌握的别种表征模式，不管是单独一种模式，还是一些模式的组合，以非语言方式思考世界。例如，如果我激活视觉模式，我可以生成无穷无尽的视觉场景，例如房间或景观的场景。如果我将此模式与情绪模式结合起来激活，我可以生成引发强烈情绪反应和身体感受的视觉场景，例如犯罪现场或给我带来内心平静的地方。也可以激活姿势模式，通过手势、发出哼声和向我眨眼、摇头或用食指指给我看某件东西等姿势，使我产生有关与我对话的其他人的视觉场景。洛马尔说，即使所有这些场景都缺乏语言内容和语言结构，它们仍然是某种内心表征。这些模态就其表征了某种身体、情绪或社会现实这点上来说，仍然是对我有意义的思想。尽管不属于语言的范畴，它们依然帮助我了解世界和我在其中的位置。

出于我的目的，洛马尔理论中有两个方面的问题需要讲清楚。首先，洛马尔毫不含糊地宣称，他的灵长类表征理论适用于现存的从人类到狐猴的300多种灵长类动物[14]。其次，他还说灵长类动物可以在没有相关外部刺激的情况下激活这些表征模式中的任何一种。例如，一只恒河猴可以激活视觉模式，看到在周围环境中并不存在的物体，而无须通过感官。同样地，大猩猩可以激活视觉、情感和姿势模式，想象一群大猩猩互相梳理毛发，或者两个雄性首领在打架。当然，不同的灵长类动物如何体验这些表征取决于它们的意识状态。如果它们是醒着的，这些表征将采取视觉想象或白日梦的形式；如果它们睡着了，表征将以梦或噩梦的形式出现。

这似乎就是在沃恩实验中恒河猴所做的。它们在睡眠中激活了视觉和情绪模式，因此，体验到一系列视觉和情感丰富的内心意象。我们知道这些意象有视觉成分，因为它们引发了某种特定的反应，这种反应是猴子从仅与视觉刺激有关的情况下学会的（即按按钮）；我们知道这些意象也有情绪成分，因为这些意象引发了和唤醒（arousal）有关的生理上的和容貌上的指标，如深呼吸、张开的鼻孔和做鬼脸。当然，也可以用摩根准则来解释这种行为，说这只不过是面部肌肉"抽搐"罢了，但这种最简单的解释并不能解释行为的复杂性。更合理的解释是，猴子们在梦中重现了清醒时的经历。也许他们梦到自己正处于与醒着时相同的隔离状态，也许这一再现带来了与原始体验相同的负面情绪：预期脚部将受到电击的紧张心情、身处感觉剥夺室时的幽闭恐惧症、被囚禁在实验室里的挫折感等[15]。不管怎么说，这个例子突出表明了托马斯内心想象谱中两个方面之间的密切关系：幻觉（沃恩刻意寻找，但没有找到）和梦（他找到了，但却没有刻意寻找）。

梦、假装和幻想

心理学家罗伯特·孔岑多夫（Robert Kunzendorf）在《关于有意识的感觉、有意识的想象和自我意识的进化》（*On the Evolution of Conscious Sensation, Conscious Imagination, and Consciousness of Self*）一书中讨论了沃恩的研究，和洛马尔类似，他的结论是，其他灵长类动物的梦可能与其他内心操作都处于同一活动连续谱上，这些内心操作都是将灵长类的意向性从真实的实体领域转向更缥缈的可能领域，就如醒着时的想象。孔岑多夫指出了沃恩研究中恒河猴所表现出来的周期性和REMs，提醒我们想从概念上把梦中和醒着时的想象区分开来有多么困难：

> 值得注意的是，周期性和眼球运动在统计学上不仅与做梦相关，而且也与醒着时想象相关。华莱士和科科茨卡（Wallace and Kokoszka, 1995）进行的周期性研究表明，觉醒时的视觉想象的生动性在一天中不断变化，可能与梦周期和神经系统的超昼夜节律同步。伦格和特奥多雷斯库（Laeng and Teodorescu, 2002）的眼动研究表明，在对先前看到过的刺激进行清醒想象期间，人眼的运动倾向于"重现"最初看到该视觉刺激时的眼动。此外，西玛、舒尔特海斯和巴尔科夫斯基（Sima、Schultheis and Barkowsky, 2013）的研究表明，人们在解决空间问题时会表现出自发的眼球运动，但只有当他们在为解决问题构建视觉意象时才如此，但如果他们的空间思维不涉及视觉意象时就不会这样。同样，我们预计温血动物不仅会在快速眼动睡眠时做梦，还会在醒着时想象[16]。

孔岑多夫的观点是，最初让我们觉得彼此几乎毫无共同之处的内心活动，经过进一步研究之后，可能会发现在认知和生理上有着重要的相似性。例如，尽管做梦、醒着时的想象和问题求解之间可能有很多不同之处，但所有这些活动都是在实现"视觉构建"（visual construction），都有赖于在头脑里自发生成意象，这是一种往往倾向于呈周期性而且经常会导致 REMs 的过程。

孔岑多夫认为动物以各种方式参与视觉构建，他以假装游戏为例。当动物在事实并非如此而假装事情"好像"就是如此时行动时，就会做假装游戏[17]。他引用了灵长类动物学中的两个案例：一个是关于类人猿使用无生命物体作为假想的玩具的报告，另一个是一只名叫潘巴尼沙（Panbanisha）的类人猿，它喜欢假装吃照片中的蓝莓。下面就是观察到第二个案例的灵长类动物学家对潘巴尼沙的行为的描述：

> 潘巴尼沙直接从蓝莓图片上"吃"掉蓝莓。它把嘴放在照片上，当碰到照片时闭上嘴唇，举起手，嘴巴做出咀嚼一样的动作。在重复几次这种行为后，潘巴尼沙然后用手指从照片上摘下"蓝莓"，并从手指上把它们"吃"了下去，将它对当前蓝莓的内心表征延伸到了一个有形空间中（visible space）（即不再在照片上和它嘴里）[18]。

要理解这场表演的复杂性，请想一想潘巴尼沙必须怎样做，才能让它玩的花样把假装做得像模像样。首先，它必须将照片上的墨水斑点当作真的蓝莓一样来对待，从而在真实和想象之间建立起一套映射规则。然后，它必须在脑海中赋予照片中不真实的蓝莓以真实蓝莓的物理特性和实际作用。这样它就不再用正常的方式来与照片互动，从而改变了它与现实的关系。它不再把这张照片当作一张照片，而把不真实的东西当作真实的东西,也就是说,想象可以通过某个秘密通道潜入,并暂时成为其世界的一部分。最后,它必须以正确的方式和正确的顺序执行正确的行为,在真实和想象之间来回穿梭(抓取想象中的浆果,送到嘴里,吃掉,然后再抓取一些)。换句话说,它必须在脑海中构思出一个想象的方案,并令人信服地将其转化为现实。正如沃恩研究中恒河猴的梦涉及视觉、触觉和情绪意象一样,潘巴尼沙的幻想出来的表演只有通过融入大量"触觉、肌肉、味觉和视觉意象"才能成功[19]。

灵长类学中有很多这样的例子。在一篇题为《木偶:野生黑猩猩的假装》(Log Doll: Pretence in Wild Chimpanzees)的文章中,日本灵长类动物学家松泽哲郎(Tetsuro Matsuzawa)讲述了乔克

灵长类动物参与各种形式的假装。在这里,潘巴尼沙假装吃杂志照片中的蓝莓。它的表演涉及肌肉、味觉和视觉意象

罗（Jokro）的故事。乔克罗是一只两岁半的雌性黑猩猩，生活在几内亚博苏（Bossou）的野外，有一天患上了严重的呼吸系统疾病。它的母亲和姐姐轮流照顾它，松泽注意到，当轮到母亲照顾生病的女儿时，乔克罗的姐姐［一只健康的成年雌性黑猩猩，名叫贾（Ja）］会随身携带一个"木偶"，像照顾它的妹妹一样照顾它。"贾似乎用木偶来假装照顾生病的妹妹，就像她亲眼看见它的母亲所做的那样[20]。"

几周后，乔克罗的病情急剧恶化，她再也站不起来，甚至连母亲都抱不住了。尽管如此，它的母亲总还是带着它形影不离，直到乔克罗的胳膊和腿毫无生气地从它母亲的背上垂了下来。在对事件的描述中，松泽将重点讲了贾在妹妹去世前的几天里怎样对待木偶，以此作为动物假装的例子，但故事中还有另一个假装的候选对象：乔克罗的母亲在女儿去世后的行为。松泽报道说，乔克罗的母亲在女儿死后的两周内一直背着乔克罗的尸体。似乎它还不能相信孩子的死亡，在悲痛中，它继续表现得"好像"乔克罗还活着[21]。

我承认，以黑猩猩为对象对动物能假装做理论上的说明可能比较容易。正如心理学家罗伯特·米切尔（Robert Mitchell）所观察到的那样，科学家和哲学家认为黑猩猩是唯一具有诸如假装之类的想象力的动物：

> 科学家们往往不愿将动物的活动说成是在假装，这是因为害怕被人指责为拟人化。为了抵制达尔文之后对动物活动在心理学上作过度解读，心理行为主义要求科学家专注于"行为"，即动物的运动，而不去作心理解读。尽管许多心理学家已经偏离严格的行为主义，但他们仍然对任何有关动物也有复杂心理的说法持怀疑态度……大多数科学家仍然回避用"假装"来作

解释，或表现出矛盾心理，这可能是前述的害怕被指控为过度解读造成的。哲学也是如此。只有对类人猿来说，科学家们才乐意谈到假装[22]。

可悲的是，即使是对类人猿，也依然存在反对者[23]。

在一篇关于儿童和动物假装研究的历史的文章中，米切尔解释说，假装行为在整个19世纪都是科学论著的一部分，但到了19世纪和20世纪的世纪之交，当怀疑动物精神活动的新理论席卷包括生物学和心理学在内的自然科学时，对假装行为的研究就不再流行（在我看来，这和梦研究的情形很相像）[24]。最近，许多专家又重新关注了其中的许多行为，因为他们意识到这些行为太过普遍，太过有意为之，而不应该被怀疑论所摒弃。从用虚假信号来愚弄领头雄象的大象，假装翅膀受伤来躲开捕食者的鸟类，到把互相嬉闹作为社交游戏的狗，再到假装吸烟来模仿周围人类的海豚[25]，研究人员现在都承认，大自然对假装的艺术并不陌生。

使我对这些动物故意作弄和欺骗的案例感兴趣的是，它们再次阐明了假装游戏与其他想象行为，如梦、幻觉和心智游移之间的联系[26]。当然，我们需要谨慎小心，因为我们必须竭力避免将这些行为相互混淆。潘巴尼沙并未梦见蓝莓，正如乔克罗的母亲也没有幻想它的女儿死了。尽管如此，看来无可争辩地还是有一条线索将这些看似不相关的现象贯穿在一起，这就是我所说的"动物想象"（zoological imagination）。这种想象在动物界中无处不在，正是这种想象将我们在第1章中讲过的章鱼、狗和猫的梦，恒河猴的幻觉和我们刚才讨论的猿类的幻想表现联系在一起。也正是这种想象将梦、幻觉和神经科学家最近在大鼠身上发现的白日梦（或心智游移）联系起来。

晚间梦，白日梦（案例研究2）

在我讨论洛马尔的灵长类表征理论时，我提到许多科学家和哲学家认为思维必然是语言性的。幸运的是，这一想法正在慢慢淡出，并让位于新的理论框架，这种框架不再假设思维必须依赖于语言桂冠。在《不用语言的思考》(Thought Without Language)一书中，神经心理学家劳伦斯·韦斯克兰茨（Lawrence Weiskrantz）反思了这一观点的局限性，并警告说，只要我们相信语言和思维密不可分，对于那些没有达到我们设定的任何"拥有语言"标准的生物的心理复杂性，我们就会继续深感震惊。这也包括了某些脑损伤患者，他们失去了语言能力，但仍保持不同程度的认知能力；还不会说话的婴儿，却对世界已经有了自己的想法；动物永远不会有命题语言，但它们的敏感、好奇和敏锐却能使我们彼此感到惊讶。

动物行为学家马克·贝科夫（Marc Bekoff）和哲学家戴尔·杰米森（Dale Jamieson）对有关动物的上述观点以及非语言思维的可能性作了下列陈述：

> 很可能可以假设思想需要表征，但表征可能无须涉及语言……不能用语言来表征可能会影响甚至限制没有语言的生物的信念和欲望，但很难理解为什么这就会完全阻止它们拥有信念和欲望或使用认知地图（cognitive maps）[27]*。

---

* 认知地图是个体有关其所处外部环境在内心中的一种图像。近年来发现的位置细胞和网格细胞为认知地图提供了可能的神经生物学基础。——译者注

像他们一样，我也看不出为什么动物必定就得要优美的语言才能形成内心表征，不管这些表征是信念、欲望还是认知地图。然而，如果我们想最终解释思维是怎样形成的，而不只是语言的一种苍白和不成熟的影子，那么我们就需要解释，在没有语言的情况下思维是如何产生的。在思维形成过程中，什么样的能力可以扮演传统上认为是语言所扮演的角色？

我想到的那就是想象。

再谈啮齿动物的认知地图

以认知映射为例。认知地图是空间的内心表征，使动物能够以计算和智能的方式在不同地点之间旅行。我认为，认知映射不仅仅是掌握语言的问题，还可能是想象技能的问题。动物通过发挥想象并激活类似于洛马尔的幻景（scenic-phantasmatic）表征模式（这使动物能够在内心里表征与周围环境不匹配的场景）那样的东西来创建、维护和更新其认知地图 [有时被称为"托尔曼认知地图"，以发现它们的心理学家爱德华·托尔曼（Edward Tolman）的姓命名]。

为了理解想象在认知映射中的可能作用，我们需要牢记重现式（reproductive）想象和创建式（productive）想象之间在哲学上的区别。重现式想象是指从记忆中回想起人、地方或物体的意象的操作，而创建式 [有时也称为"构建式"（constructive）] 想象是指使用先前见到过的人、地方和物体的意象来创建以前没见过的全新意象的操作。在我看来，动物通过做下列两件事来实现对空间的统一和连贯的内心表征：① 将先前的空间体验在短期和长期记忆中存储为意象，然后在没有相关外部刺激的情况下回忆这些意象（重现），以及 ② 合成新的空间可能性，这种可能性超越了原来直接通过感官接收到的图像（创建)。这种存储和合成的结合最终导致了认知地图的产生,这些地图引导动物可以在它们居住的空间中到处行走,按我的理解,这种认知地图是彻头彻尾的想象。鉴于托尔曼在以大鼠做实验时引入了认知地图的概念,让我们暂时回到这些温顺的社会性动物身上,考虑一下海马研究的最新发现,这些发现证实了想象在构建托尔曼认知地图中的核心作用。

在第 1 章中,我们看到大鼠偶尔会在睡眠中利用海马中的特异化细胞回放过去的空间经历。但脑电图记录显示,大鼠在醒着时也会进行回放,特别是当它们在迷宫寻路中暂作休息时。当大鼠在探索迷宫时,他们所有的注意力资源都被分配给在迷宫中寻路。但一旦它们有机会放松时,它们的头脑就开始偏离周围环境。当它们的心智到处游荡时,它们在精神上重放各种空间序列,包括它们个体经历过的序列(重现式想象)以及它们从未经历过的序列(创建式想象)。为了理解在这些"醒着时的回放"发生了什么,我们需要看看海马功能神经科学研究中的几个关键进展。

故事始于 2006 年,当时麻省理工学院皮考威尔学习与记忆研究所(Picower Institute for Learning and Memory)的戴维·福斯特(David Foster)和马修·威尔逊发现,在醒着时,大鼠在内心中回放最近在其当前物理位置发生过的空间经历。福斯特和威尔逊研究的精彩之处在于,与大鼠在睡眠中回放的体验不同,它们在醒着时回放的那些体验是"可逆的"。在睡眠期间,空间次序总是按照它们最初经历的相同次序回放。轨迹 X-Y-Z 被回放为 X-Y-Z。但在觉醒状态下,尤其是当老鼠"暂停探索"时,轨迹 X-Y-Z 可以以 X-Y-Z 或 Z-Y-X 回放[28]。换句话说,它可以向前(从当前位置到另一个目的地)和向后(从另一个出发点出发回到当前位置)回放。他们称之为"逆向回放"(reverse replay)[29]。

这或许听起来没什么了不起，但福斯特和威尔逊实验室的大鼠从未逆向穿过现在所讲的那个空间。它们只曾向前穿过它。然而，它们偶尔会倒着回放。这意味着醒着时的回放不仅仅是对过去的被动重述。这是一种创造性的过程，使大鼠能够想象新的经历，这种经历本来有可能发生，但是实际上并没有发生过。托马斯·戴维森（Thomas Davidson）、费边·克卢斯特曼（Fabian Kloosterman）和马修·威尔逊在对这项研究的评述中解释道："这些结果表明，回放的轨迹所表示的是一组与他们当前位置相关的、可能的、未来或过去的路径，而不是（他们已经走过的）实际路径[30]。"通过逆向回放，这些生物完成了一项巨大的认知壮举：实现了从实际存在（given）到想象，从真实到可能的模态飞跃。它们想象了一些从未发生过的事情。

2009年，旧金山加利福尼亚大学整合神经科学中心（Center for Integrative Neuroscience）的两位神经科学家马蒂亚斯·卡尔松（Mattias Karlsson）和劳伦·弗兰克（Loren Frank）将我们对醒着时回放的认识提高到了一个新的水平，他们证明大鼠也参与了他们所说的"远程回放"（remote replay），这是一种特殊的回放形式，在此过程中，动物再现了与迷宫中当前位置无关的一连串空间位置。卡尔森和弗兰克发现，当大鼠在迷宫某处休息一下时，它们可以回放迷宫其他地方的一连串空间位置，即使它们当时所处的位置并没有任何东西可以提醒它们。在远程回放中，大鼠在认知上与周围环境分离，并"在醒着时在某处回放另一个地方的经历[31]"。这时回放和当时所处环境之间的联系断开了，因为大鼠在没有直接感知输入，也不靠记忆的情况下重新创造了过去的经历[32]。鉴于神经科学家通常将想象定义为注意当时所处环境中不存在的事物，远程回放可以合理地解释为一种货真价实的想象操作。

我们在神经学家阿诺普姆·古普塔（Anopum Gupta）的工作中发

现了回放和想象之间更令人信服的联系。2010年，古普塔与明尼苏达大学的两名专家合作研究大鼠回放。他们把一组大鼠放到一个包含多条路径的迷宫，他们观察到，当大鼠在迷宫的分岔路口停下来时，它们进行了逆向和远程回放，但它们也做了些其他事情：它们回放了它们以前从未经历过的空间序列，至少是它们本身没有亲身经历过。古普塔和他的同事报告了一只名叫"R135"的雄性大鼠的案例，它反复回放一个它从未经历过，而且事实上也不存在的空间序列。他们通过电生理记录分析了回放结构，结果表明该序列是把两条真实的路径通过想象加以混合，这是一条想象出来的从大鼠所在位置通向另一点的捷径。作者说，构建出这种"从未经历过的新路径"说明"回放内容和过去经历之间的可能并没有直接联系"[33]。回放并不限于以前发生过的事；它表明的是可能发生的情况。古普塔和他的合作者甚至说，这一想象的回放表明，大鼠可能具有"自我投射"（self-projection）的能力，即"从不同角度有意识地探索世界的能力"[34]。这类"采取某种角度"与共情和揣测他人心智（theory of mind）*有关，这是认知能力中的一种形式，而在历史上科学家和哲学家一直以拥有认知能力为由来捍卫智人的独特性和优越性。

所有这些关于海马功能的研究都告诉我们，关于内心回放的主流说法需要加以更新。在20世纪的大部分时间里，心理学家和神经科学家都认为回放的唯一功能是将短期记忆巩固为长期记忆。这种想法认为动物回放它们过去经历过的事件，是为了加强它们对这些事件的记忆。但是这种想法并不全面。回放也有助于"主动构建托尔曼认知地图"[35]。通过回放大鼠过去的场景，其中包括与其当前所处位置有关

---

* 如果按字面翻译，那么Theory of mind就译成"心智理论"。不过在心理学中，这一术语指的是通过认为他人也有内心状态，可以猜测他们的头脑中正在发生的事情，由此得以理解他人的能力。其内容包括他人的信念、欲望、意图、情绪和想法等。——译者注

和无关的场景,以及想象而非经历过的场景,大鼠创造了对其环境的全局内心表征。它们创建认知地图来指导它们的行为。这些地图不仅仅是通过经验的积累、巩固和沉淀而形成的。它们是通过把记忆和想象融合起来,通过回放经历过的实际情况和想象到的可能性而构建出来的。它们是构建出来的,也就是说,它们是通过重现式想象和创建式想象之间的微妙共舞建立起来的。正如戴维森、克卢斯特曼和威尔逊所指出的那样,每个认知地图的核心都是某种"想象出来的地图"（imaginary map）[36]。

像大鼠一样思考,像大鼠一样做白日梦

大鼠醒着时的回放是在做什么呢？这有两种可能的解释,都同样引人入胜。

一种解释是它们在思考。约翰·霍普金斯大学的神经科学家詹姆斯·奈里姆（James Knierim）认为,由于有些醒着时回放的例子"与任何明显的感觉输入无关",所以可以说它们是思维操作。"这些重新激活的事件与大鼠对跑道其他部分以及其对在当前位置以外的其他位置的最近体验的'思考'……相关[37]。"他接着补充道:"啮齿动物研究中显示出对过去经历的非局部表征,这会不会是人类基于海马想象全新经历的能力的先兆[38]？"我看不出这有什么不可以的地方,尽管我对奈里姆将大鼠的想象说成为人类想象的先驱,而不是大鼠本身充分进化的结果的说法还有点犹豫。

有一个多次得出的发现增强了这种解释。有好几项实验表明,大鼠休息的时间越长,回放也变得越复杂。当大鼠只休息几秒钟时,它们大多只回放与它们在空间中当前位置相关的序列,以及往返它们当时正好所在处的轨迹。但当它们休息更长时间后,它们开始重演需要

更复杂认知策略的序列,如与它们当前物理位置无关的序列或它们从未经历过的序列。因此,在这段放松期,大鼠可以支配的时间量与它们能够进行的智力活动的复杂性之间似乎存在着明确的关系。奈里姆将这一发现与神经科学家亚当·约翰逊(Adam Johnson)和戴维·雷迪什(David Redish)的另一项发现进行了比较,后者发现当大鼠在迷宫中到达"决定点"时,例如,当它们面临岔路口时,或者当它们需要纠正它们走过的错路时,它们在做下一步行动之前会故意停下来思考自己的选择[39]。看来,要想思考,大鼠和人类一样需要时间[40]。如果它们的时间越多,它们的思想也越复杂。

对醒着时回放的另一种解释是,大鼠在做白日梦。在《没有语言的思考》(*Thinking Without Language*)一书中,洛马尔提出,在这些没有语言的回放时刻,大鼠在精神上想象着不同的空间,因此不是走神就是在做白日梦(这取决于人们如何定义这些术语)[41]。很长一段时间以来,神经科学家和哲学家一直在忙于分析梦、白日梦和心智游

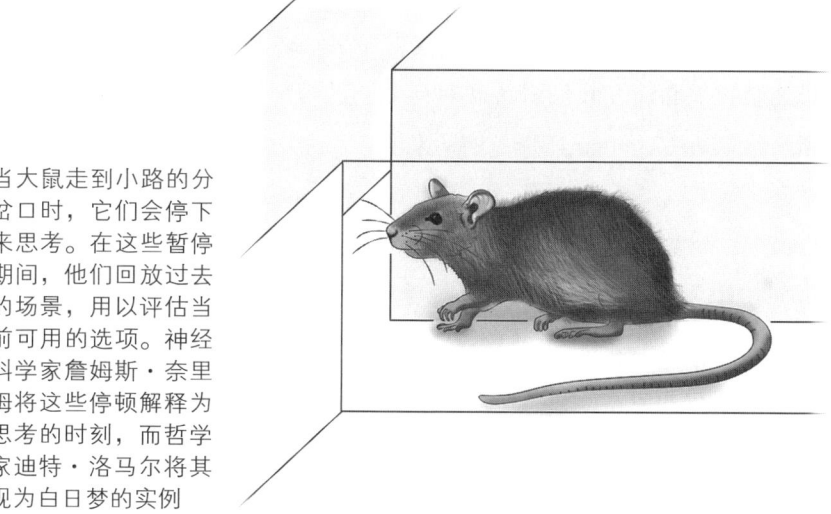

当大鼠走到小路的分岔口时,它们会停下来思考。在这些暂停期间,他们回放过去的场景,用以评估当前可用的选项。神经科学家詹姆斯·奈里姆将这些停顿解释为思考的时刻,而哲学家迪特·洛马尔将其视为白日梦的实例

移之间在行为、神经机制和现象学方面的共同点，越来越多的共识是，这些状态彼此之间的相似性比以前想象的要大[42]。如果发现所有这些现象都和像海马回放这样的神经认知机制有关，这将不足为奇。如果真是这样的话，这些现象之间的一些差异可以部分地用该机制激活时生物体的代谢状态来解释。当海马在睡眠中回放时，大鼠做梦。当它发生在醒着时的状态时，它们要么走神，要么在做白日梦。以这种方式理解，海马回放就是想象如何将不同的内心状态统一在同一屋檐下的又一例证。

灵魂的音乐

当我们考虑到恒河猴在睡梦中疯狂地按按钮，猿猴假装吃照片上的水果，或者大鼠想象空间中不真实存在的路径时，我们就不由得得出下列结论：想象可能是独一无二的，它也可能是人类所有的，但它又不是只有人类才有。这是一种动物学上就有的现实，而不只是人类学上才有的现实。这是动物灵魂的音乐[43]。

如果我们仔细倾听它的节奏，倾听其激越与低沉之处，这种音乐可能会扩展和改变我们看待和对待动物的习惯模式。用心理学家托马斯·希尔斯（Thomas Hills）的话来说：

> 如果动物能想象，人们就不禁要问，要想有这种能力需要有什么样的认知系统呢？想象还有什么别的含义？一种能够精心思考自己未来的动物是否也多少有一点自由意志呢？进行想象的动物会不会也知道自己正在想象吗？它能知道现实和想象之间的区别吗？它能不能由此知道它真实的自我和其他可能性之间的区别吗[44]？

我不知道我们应该如何回答这些问题，但承认动物也有创造力和想象力改变了游戏规则。正如梦开启了想象之门，希尔斯的评论表明，想象本身又开启了一扇更大的门，由此可以看到，动物达到了至今为止无法想象的高度，即认知、情绪，甚至我们在下一章中就要讲到的道德高度。

第 4 章

动物意识的价值

> 通过意识我们才知道我们的周围是怎么回事,我们的头脑里在想些什么,以及我们的意思是什么;只有有了意识,我们才拥有心智,这是我们关心自己和他人的核心。如果这一切还不能说明意识的重要性,那么究竟要怎样才算重要呢?
>
> ——查尔斯·西韦特(Charles Siewert)[1]
>
> (意识)使生活有价值。
>
> ——戴维·查默斯(David Chalmers)[2]

关注伦理问题

从 20 世纪 70 年代开始,动物行为学家唐纳德·格里芬声称动物是能觉知到其周围环境的有心智的生物,这在生命科学界引起了轩然大波。在《动物觉知问题》(The Question of Animal Awareness)和《动物思维》(Animal Thinking)等书中,格里芬提出了一种动物认知理论,认为动物在内部表征外部世界,并利用这种表征灵活地导引它们在环境中的走动。他推断,如果人类有意识,那么其他物种也必然有意识[3]。根据这一看似简单的条件陈述,格里芬创立了认知动物行为学(cognitive ethology),并间接创立了哲学子领域"动物心智哲学",或者说"动物意识哲学"。在本书中,我曾经说过我们可以通过集中讨论睡眠中出现的动物意识这一侧面,也就是盖伊·卢斯所说,当动物的心智"只对自己说话"时的情形,那么我们有可能在这一子领域取得进展[4]。

然而,即使有人同意我的说法,即做梦是通向动物意识的门户,人们仍可能想知道,这对动物是否有意识这个大问题来说会有何不同。答案是,从伦理的角度来看,这会产生巨大的差异。正如哲学家马克·罗兰兹所解释的那样:

> 否定动物也有道德地位的最简捷的方法就是否定它们也有内心状态;这就是否认它们也是有内心状态的主体,或者否认它们有精神生活。对一般公众,特别是那些和动物打交道的人来说,这种否认可能没有任何意义。然而,这并没有使许多著名的哲学家不再否认[5]。

和罗兰兹一样,我也相信承认动物存在有意识状态实质上就是一种道德姿态,因为有意识和享有道德地位之间存在联系。反之,在认为动物缺乏意识和可对之施加难以想象的虐待之间也存在联系。

然而,因为有意识就取得道德地位也并非易事。正如马克·贝科夫和戴尔·杰米森正确地指出的那样,"人们不能立即从有关动物心智的观点出发,立刻就得出有关动物道德地位的观点。在这两者之间必须建立起重要的推理关系,这需要论证[6]。"在本章中,我借助梦建立起一种这样的推理关系。梦有一种迄今未被承认的道德力量,因为梦表达了哲学家奈德·布洛克所说的"感知意识"（phenomenal consciousness），我认为这是生物具有道德地位的基础。做梦的动物由于它们能做梦而应该被承认为道德共同体中的一员，作为同类的生物，它们应该受到关心、尊重并享有尊严。

意识与道德

大多数西方道德理论学派的出发点都是假定我们只对其他有意识的生物有伦理责任。尽管他们对什么是意识以及哪些生物拥有意识意见不一，但这些学派中很少有人会赋予行星、岩石或绘画等无意识实体以内在的道德价值[7]。他们中的大多数人全心全意地接受哲学家戴维·查默斯的观点，即意识"具有特殊价值"，也就是道德价值。

这种特殊价值来自下列事实：意识赋予其拥有者道德地位。当我们授予某个生物有意识之荣时，它们在我们眼中就从仅仅只是活在那儿的生物变为从道德角度来看不仅活在那儿而且还有重要性的生物。正如伦理学家玛丽·安妮·沃伦（Mary Anne Warren）在其著作《道德地位：对人和其他生物的义务》（*Moral Status: Obligations to Persons and Other Living Things*）中所解释的那样：

> 拥有道德地位意味着在道德上相当重要，或者说拥有道德身份。它就成了一个道德主体对其负有或可能负有道德义务的实体。如果一个实体具有道德地位，那么我们不能随心所欲地对待它[8]。

意识赋予生物体以沃伦所说的道德因素，使它们因其本身就显得重要。有意识的生物就得被当成某个人那样来对待，而不只是某件东西，要用"你"来称呼，而不是"它"[9]。

我们从第 2 章对意识的分析中看到，意识不是一个简单、同质的统一体，而是一个具有各种形式的复杂现象。这就提出了一个关键问题：究竟是这些形式中的哪一种赋予主体道德地位，还是所有各种有意识的觉知都完全一样能起到这样的作用？为了有道德上的重要性，我们究竟是只需要任何形式的意识就行呢，还是需要有特定形式的意识？

在过去 25 年里，有一些为数不多但发人深省的哲学著作提出了这个问题。从一开始，大部分这类工作都是在奈德·布洛克的广有影响的意识理论框架内进行的，该理论将意识分为两种类型："进入意识"（access）* 和"感知意识"（phenomenal），由此形成了两大阵营。进入意识优先的理论家认为，进入意识是道德价值的基础，而感知意识优先的理论家认为道德地位是由感知意识产生的。这两个阵营都认为意识是道德价值的基础，但对于哪种意识能起到这一重要作用，他们有着巨大的分歧。正如我们将要看到的，这种分歧归结为对道德生活的两种不同的看法：一种看法以认知、理性和语言为中心，另一种看法则没有那么强调理智的方法，而是优先考虑我们在世界上的主观、情感和具身的根源。

布洛克理论：进入意识与感知意识

布洛克在一篇现在已经成为意识哲学经典的论文《关于意识功能的困惑》（On a Confusion about a Function of Consciousness）中哀叹，有关意识的辩论由于概念模糊而偏离正轨。当专家们在什么是意识，意识来自何处以及意识是如何工作的问题上存在分歧时，他们非常可能并没有意识到他们是在谈论着不同的事情。

---

* 有人把此译为"意识通达"。——译者注

为了避免混淆，布洛克将意识分为两类："进入意识"和"感知意识"。进入意识是指表征性内心状态，其内容可供更广泛的认知系统之用，以执行推理、决策和语言报告等功能。布洛克对这种意识觉知的定义如下：

> 如果一个人拥有某种（内心）状态，其内容的表征① 可用作推理的前提，② 可用来对行动进行理性控制，以及③ 可用来对言语进行理性控制，那么这种状态就是进入意识[10]……

这段话中用了哲学上专门的深奥行话和使人伤脑筋的语法结构，其意思其实就是说如果我们能够理性地思考某个内心状态的内容，以此来决定我们的行为，并通过语言与他人分享时，那么这种内心状态就是"进入意识"。例如，如果我相信走廊尽头有一扇门，只要我能由此得出结论，如果我让门开着，那么猫就会跑掉（做出推断），或者走去把门关上（指导我的行为），或者告诉我的伴侣把门关上，因为外面很冷（做语言报告），那么这种"走廊尽头有一扇门"的想法就属于进入意识。我们的许多内心状态都属于此类进入意识。

要想清楚地定义感知意识状态就更困难了，但它们在两个重要方面不同于进入意识状态。首先，它们是非功能性的。它们和执行任何特定的认知操作都没有实质性联系。它们不会导致推论、随意动作或交流行为。其次，正如它们的名字所表明的，它们的内容是感知性的，而不是表征性的，这意味着它们有一种与它们相关的确定的感受，但它们并不表征外部世界中的任何东西——既不表征物体，也不表征人、地方，甚至事件的状态。我们发现自己"身处"这些状态，但它们和任何具体的事物都没有关系。

布洛克从他开始讨论进入意识和感知意识之间的区别的那一刻起，

就知道要想定义感知意识将是一场艰苦的战斗。由于功能性和表征性都属于进入意识,他无法通过描述感知意识状态能做什么或是表征什么来定义感知意识状态。他通过列举感知意识状态的例子来解决这个问题,希望这足以让读者直观地理解这一概念。

他举的大部分例子都来自感觉领域。"当我们看、听、嗅、尝和感到疼痛时,我们都有(感知)意识状态[11]。"为什么呢?因为当我们看到一种颜色,听到一段旋律,闻到一种气味,品尝一道菜,或体验到一种特殊的疼痛时,都会有一种相应的定性感受。这些内心状态中的每一种都有一种我们无法传达给他人的生动性质,特别是如果他们从未亲身体验到过这些事情的话。我们怎样才能向天生失明的人解释看到绿色是种什么感觉呢?当我们吃一根未成熟的香蕉时,我们如何向一个不管由于什么原因而失去了所有味觉感受器和味觉记忆的人描述我们嘴里的不适感?我们如何将三维视觉的体验讲给只能看到二维的人听?正如哲学家尼尔·列维(Neil Levy)所解释的那样:

> 不幸的是,似乎不可能定义感知意识。我们至多只能举例说明。感知意识是意识中的一种,这种意识使你意识到感知到了什么。这就好像你品尝一杯黑比诺红酒(pinot noir)*,聆听《特里斯坦和伊索尔德》(Tristan und Isolde)**的序曲,感受阳光洒在脸上的温暖,或感受到左膝的疼痛,所有这些体验中的每一种都有其独特的感受性质。这种性质似乎难以形容。我们经常使用比喻来告诉他人这种性质("它像一种隐隐的一阵一阵的疼痛""剧烈的刺

---

* 用产于美国加利福尼亚或法国布艮第(Burgundy)的紫葡萄酿造的红葡萄酒。——译者注
** 《特里斯坦与伊索尔德》是一部由理查德·瓦格纳(Richard Wagner)改编的三幕歌剧。它创作于1857—1859年,并于1865年6月10日在慕尼黑皇家宫廷剧院和国家剧院首演。——译者注

痛""鲜艳的红色"),但当我们这样做时,我们似乎靠的是我们与对方对这种感知性质有过共同的体验,这才使我们的谈话能讲得清楚一点[12]。

如果你从未尝过黑比诺,我只能或者用隐喻的方式向你描述它(例如,告诉你,"这是一种浓烈、非常醇和、无果肉的浆果汁,满嘴单宁味"),或者让你自己去尝试(indexically)(也就是说,让你一杯接一杯地品尝黑比诺,直到你总体上明白了是怎么回事,并且可能已醺然欲醉)。但是,即使口舌生花,我的隐喻最后还是会落空,因为我对红酒的第一人称体验和我对它的描述之间总是存在差距。这种差距正是它的味道,这种味道只有亲身体验才能真正体验到。

疼痛是另一个例子。如果我告诉我的伴侣到客厅来,他的脚趾碰到了一件家具,我可以问他发生了什么事,哪里疼,甚至疼得有多厉害,但如果我问他:"你的疼痛是什么样的东西?它表征了什么?"那就显得很奇怪了。就其本质而言,疼痛是一种非表征的内心状态,与世界上的任何事物无关。它没有"讲到"任何东西。我的伴侣只是"感到"疼痛而已。突然之间,他感觉到脚的末端有一种强烈的感觉,这种感觉分散

哲学家奈德·布洛克的意识理论把进入意识和感知意识区分开来。诸如红酒的味道之类的感知意识的内心状态,绝离不开某种定性的感受。这种感受并没有任何认知功能,也不表征任何内部或外部事件的状态。看到颜色、听到旋律和感觉疼痛都是感受意识状态的例子

了他对周围发生的一切的注意力。他整个人只专注于受到伤害的感受（现象学）。

在《意识的奥秘》（*The Mystery of Consciousness*）一书中，心智哲学家约翰·塞尔（John Searle）观察到，尽管在我的伴侣碰伤脚趾的那一刻，同时发生了很多事情（他的神经细胞有发放，他发出一声叫喊，他察看伤处，等等），最重要的一点是，他感到一种不愉快的感觉。正是这种主观感受使疼痛是"感知性"的而非"表征性"的，因为即使我的伴侣的疼痛体验也可能有其认知的方面，但是疼痛体验中总有某些方面不能还原为认知处理。是的，我的伴侣可以向我解释发生了什么，哪里疼，有多严重，但他不能把他的疼痛传给我。这种疼痛只有他才能感到。不管我有多么想也能感受到，但我无能为力。他的痛感是不可言传的，没法计算的，无法形容的。正如塞尔所说："疼痛的本质在于它是一种特定的内在的定性感受。无论对哲学还是自然科学来说，意识问题都是要解释这些主观感受[13]。"

总之，进入意识涉及内心表征和认知功能，而感知意识涉及前认知感受（precognitive feelings）和生动的体验。前者涉及我们的认知器官对信息的处理，从而实现理性思维、行为控制和语言表达。后者是一种原始的感受，处于一种没什么功能和表征的状态，但在感知和体验方面却丰富多彩。当我感到疼痛时，我并没有表征世界的某个方面，也不执行复杂的认知功能。我正在经历一种体验，一种肉体上的强烈体验。当我喝一杯黑比诺，当我听到院子里树叶沙沙作响，当我闻到附近下水道格栅处飘来的臭味时，也是如此。

为了避免陷入有关布洛克理论细节学术争论的兔子洞*（这可能相

---

* 在欧美尽人皆知的儿童读物《爱丽丝漫游奇境记》（*Alice in Wonderland*）中，主人公爱丽丝在梦中因追赶一只兔子而落入一个难寻出路的兔子洞中，在里面遇到了许许多多奇怪的事情。这里作者借以隐喻这些争论非常复杂而难于得出结论。——译者注

当技术性），让我们还是回到我们的主要论点上来吧，这就是这一理论为关于意识的道德价值的更为一般的学术辩论提供了框架。布洛克认为有两类意识，这让许多人想确定为了获得道德地位究竟需要哪一类意识。我们在道德上重要是因为我们达到了确当的认知功能水平呢，还是因为我们拥有恰当类型的现象学？是什么让我们变得重要：是理性还是生动的体验，是进入意识还是感知意识？

感知意识，道德地位的基础

让我把牌摊在桌面上：我相信感知意识是道德地位的关键。在我看来，使生物体应受到道德保护的并非因为它们能理性思考、随意行动或产生语言报告（布洛克所述的进入意识的定义特征），而是因为它们对世界有感知体验，它们有感觉、感受和知觉。

研究心智哲学与伦理学之间的相互关系的专家查尔斯·西韦特也持这种观点。他用一个哲学上的思想实验来支持他的观点。他说道，想象一下，假使你有机会变成一个无魂人（zombie）*。作为一个无魂人的你在功能上等同于你现在的自我（也就是说，你会做你已经做过的一切，没有人会发现其中的区别），但从现象学上来说你一无所有（你对你周围的环境没有有意识的觉知，也完全不明白执行 X、Y 或 Z 是怎么回事）。换言之，作为无魂人的你会完美地进行动作，甚至骗过你最亲密的朋友，让他们认为这是真实的你，但你不会有任何内心生活。你可以大口喝下一瓶酒，装出醉醺醺的样子，但你不会尝到黑比诺的味道。你可以把脚趾碰在家具上，发出一声叫喊，但你不会有来自脚

---

* 通常译为"僵尸"，这在哲学上专指一种假想的生物，从其行为来看无法与正常人区别开来，但是却没有内心世界。由于"僵尸"在日常生活中都是指会活动的死尸，具有强烈的迷信色彩，所以在生物物理科学名词审定会上大部分专家不同意这样的译名，笔者提出定名为"无魂人"，意思比较确切，得到了专家们的赞同，故作今译。——译者注

趾的强烈感受[14]。

西韦特相信，即使只要你愿意做无魂人的话，就可以给你好处（比如说，给一大笔钱），我们中也没有人会愿意这样做。因为说到底，我们不仅珍视由于有意识而能执行的认知功能，我们还珍视有意识本身。我们珍视能感知到周围环境的感受，珍视活着的感受，珍视通过感官感知世界的感受。感知性不是我们可轻易放弃的东西，因为它对我们是谁和我们是什么样的人都太基本了。即使有人对我们说："听着，从各个方面来看，从总体上来说做无魂人会有好处，因为作为一个无魂人，你永远不会再感到痛苦或悲伤。"我们大多数人会回答："这正是问题所在！作为无魂人，我不会感到痛苦，因为我根本就感受不到任何东西，这样的生活没有任何价值。我宁愿有感受，也不愿感受不到，即使其中包括强烈的疼痛和痛苦。"西韦特提出，我们所有人从骨子里都觉得，让我们恰如其分地成为共情接受者的是我们和这个世界有着主观、具身和情感（一句话，也就是感知性）的牢固联结。这种联结给了我们道德意义。它赋予我们道德地位[15]。

西沃特的立场有两层意思。首先，感知意识本身有其内在的价值。具有感知意识本身就是好的，尽管由此会带来疼痛和痛苦的可能性。其次，靠了感知意识我们才有道德价值。将我们变成无魂人的假设之所以让我们感到恐惧是因为，作为无魂人，我们将不再具有道德价值，我们将只是行尸走肉而已。因此，无论从现象学上来说还是从事实上来说我们都失去了道德。比起害怕失去我们所珍视的东西来，我们更害怕失去我们自己的价值，失去我们作为应该受到道德对待的人的身份。

在这两层意思之上，我们还可以添加第三层意思，这是受哲学家约书亚·谢泼德（Joshua Shepherd）作品[16]的启发而来。感知意识是我们珍视的东西，它又是赋予我们价值的东西。首先正是由于有了感知意识才使赋予价值成为可能。它使生物有机体能够将价值引入本来无所谓价值的宇宙[17]。一个没有感知意识的生物将没有对世界的生动体验，没有对此时此地的感受，无所谓什么是正面的或负面的（或者说，因此也就无所谓好坏）。即使这样的生物能够执行许许多多认知功能，它也永远不会有价值观。没有感知上的锚定，就没有赋予价值的基础，也没有产生偏好、兴趣或欲望的基础。这样的生物就没有动力去偏爱某件东西甚于其他东西。一个只有这种生物居住的宇宙将会是一个没有能赋予价值的主体的宇宙，因此，也就成了一个没有有价值的对象的宇宙，也就是一个完全没有价值可言的宇宙。

这里突出的哲学观点是，在伦理学领域，感知意识优先于进入意识，因为感知意识，也只感知意识才能赋予道德地位。进入意识可能会给我们的生活增加认知和行为的复杂性，但它不是我们道德立场的来源；只有感知意识才是。进入意识可以调节道德价值，但不能产生道德价值；只有感知意识才能做到这一点。

进入优先（Access-First）的方法：争论的另一面

众所周知，西方哲学家，特别是道德理论家，在历史上一直把进入意识的功能放在首位。对他们来说，人类有权获得道德保护，因为我们是作理性思考、理性行为和用语言交流的生物，也就是说，因为我们拥有进入意识。他们认为，没有后者，我们就没有道德价值；我们将依旧只是一种"它"而不是"你"。

由于这种对道德地位的进入优先的方法有两种理论，一种是结果论（consequentialist），另一种是义务论（deontological），我将依次讨论这两种理论。

结果论

一般来说，结果论者是这样一类道德理论家，他们将幸福的最大化和痛苦的最小化视为道德生活的最高标准，并认为对我们的行为应该根据它们在多大程度上增大或减少世界上的总体幸福来评估。但是有很多事情都能带来幸福，那么结果论者如何决定哪些事情应予优先考虑呢？在这一点上，存在着各种各样的立场。享乐结果论者（hedonic consequentialists）认为，只有快乐和痛苦才重要，而偏好结果论者（preference consequentialists）则强调，并非所有的快乐都是等价的，对它们进行排序是道德哲学的功能之一[18]。

历史上，约翰·斯图亚特·密尔（John Stuart Mill）等结果论者使用认知主义公式对快乐进行排序，根据该公式，需要复杂认知处理的快乐（如欣赏艺术、培养友谊、获得新知识和提高我们的才能）一定要比那些主要来自感官的快乐（比如闻玫瑰、小睡后醒来、在海滩上晒日光浴）排序要"高"。我们在密尔的《功利主义》（*Utilitarianism*）一书中看到了这一公式，在那本书里他坚持认为，即使玩图钉（pushpin，一种流行的19世纪儿童游戏）给人带来了与阅读诗歌一样多的乐趣，我们仍然应该说诗歌在客观上比玩图钉"更高级"，因为它更具智慧。这与杰里米·边沁（Jeremy Bentham）的主张形成了鲜明对比。边沁认为，如果玩图钉和诗歌能让一个人同等快乐，那么从功利主义的角度来看，两者就同样好[19]。

这与布洛克的意识理论有什么关系？最近，英国牛津神经伦理学中心（Oxford Centre for Neuroethics）的一小群哲学家［特别是盖伊·卡恩（Guy Kahane）、朱利安·萨武列斯库（Julian Savulescu）和尼尔·列维］使用了基于偏好结果论的论点来捍卫道德地位的进入优先方法。这些思想家承认，感知意识为我们提供的体验是有价值的，比如看颜色、听旋律和感受身体的愉悦。然而,受密尔的名言"做一个不满意的人要比作一头满意的猪好;成为不满意的苏格拉底要比当一个满意的傻瓜好"的启发,他们认为,与我们对进入意识所得的偏好(比如学习新事物、解决挑战性问题的能力,做出合理的推论,培养友谊,与他人交流,等等)相比,我们对那些由感知意识所得的偏好就相形见绌了。他们说,如果我们被迫在感知意识和进入意识之间做出选择,那么我们会也应该选择后者,因为没有认知进入的生活是不值得生活的。同样,这些哲学家也不否认失去感知意识是不好的。他们只是认为失去进入意识将是一场无与伦比的更大悲剧,简直就是一场道德灾难[20]。

我不同意这一立场。为了避免误解,请允许我澄清,对于那些拥有认知能力的人来说,认知能力确实非常重要。我也很高兴学习新事物。我也喜欢提高我的才能。我也享受与朋友共度美好时光。可以肯定地说,如果违背我的意愿而使我失去它们,我会感到痛苦。话虽如此,但问题不在于这些东西是否有价值,而是它们是否是道德地位的基础。这些东西是否如此重要,以至于任何缺乏它们的生物都必将因此失去道德地位?进入优先的理论家相信事情正是如此。在他们看来,缺乏进入意识的生物在道德上是无足轻重的。对它们来说根本就谈不上道德不道德的问题。

奇怪的是,对于我所举出的他们的观点在道德上有问题的方面,这些思想家中没有一个人由此后退一步。对于那些认知能力不如人类,但却能感受到快乐和痛苦的动物的道德地位,他们会怎么说?简单一句话,动物没有进入意识,因此没有生命权[21]。对于永久处于植物人状态的患者,他们对周围世界只保留最低程度的意识,该怎么办?简单地说,因为他们没有进入意识,因此我们对他们就没有道德义务[22]。对于那些由于脑外伤而无法沟通但仍能意识到其自然环境和社会环境的人类患者呢？为了避免被指控歪曲了他们的观点，我最好还是用卡恩和萨武列斯库自己的话来说："终止这些患者的生命可能是道德所要求的，而不仅仅是可以允许的[23]。"是的，你读对了。杀死脑损伤患者不仅在道德上可以容忍，而且在道德上还是必要的。不知怎的，不杀死他们倒反而不对了。

回想一下沃伦的说法，道德地位禁止其他人可以随心所欲地对待我们。这是我们的第一道也是最后一道防线，以防止最残忍的虐待和最无情的暴行。通过将道德地位降低到认知，主张进入优先的理论家赋予那些满足其认知要求的人全权处理那些不满足这些要求的生物，包括认知障碍的人、大脑受损的人和所有非人类动物，将其与无生命物体等同起来，视为可被使用、可加虐待甚至毁灭的东西。因为他们将认知能力视为道德生活的首要要素和最终目标，所以他们信奉一种道德上令人憎恶的观点，即任何没有达到一定认知水平的人都可被任意对待[24]。

进入优先理论家让我想起了神经学家奥利弗·萨克斯（Oliver Sacks）的著名患者"P博士"，他只能明白抽象的和模式化的东西，而不能明白具体和活生生的东西。他们陷入人类生存的认知框架中，却忘记了这种框架所基于的前认知（precognitive）和前语言（prelinguistic）的基础。他们忘记了（或者，在不那么宽容的解读中是压制了）法国存在主义者莫里斯·梅洛-庞蒂所说的生动体验的"土壤"，这种体验是在有理性、概念或语言之前，我们对世界所具有的具身和置身其中的关系[25]。

在《意识和道德地位》（*Consciousness and Moral Status*）一书中，约书亚·谢泼德谴责了进入优先论者将认知抬高到了贬低感知性（phenomenality）的程度。谢泼德承认，所有有意识的状态都赋予我们存在的价值，但他同时认为，赋予我们"灵魂"的不是那些在布洛克意义

（Blockian）下让我们拥有进入意识的东西，而是那些让我们与现实直接交流的东西，比如体验快乐、心情良好、不感到痛苦、内心平静、感觉海浪冲刷我们的脚、享受晨曦之乐，或者让自己沉浸在平安夜的宁静之中。他引用了威廉·詹姆斯（William James）1899年的文章《人类的某种盲目性》(On a Certain Blindness in Human Beings)中的以下段落：

> 生活在自然环境之中使人回归某种平衡感，一旦做到了这一点，那么我们对不要紧的事物就不会再那么敏感，而只对重要的事物才会敏感。我们重置了自己的敏感性，这样我们赋予人工事物的价值就被重新评价为没有什么价值；亲身去看、闻、品尝、睡觉、去试和去做的好处越来越显现出来。我们自认为比自然的原始产儿优越得多，但这些"孩子"却常常在这些方面胜过我们；如果它们也像我们一样大篇地写东西，那么它们或许会读给我们听一些令人印象深刻的话，批评我们急于求成，以及我们对生活中基本方面视而不见[26]。

我们的道德地位来自我们与世界的基本联系，在这种联系中，我们的感觉、情感和情绪在无尽的互动中相互交融。这种联系存在于体验之中，但还够不上认知，一旦当我们把推理和语言模式这些抽象的方面去除之后，留下来的就是这种联系。这是我们道德和生存的基础。

义务论观点（The Deontological Version）

结果论者将道德定位于幸福的最大化，与之不同，义务论者则将道德定位为无条件尊重他人不可剥夺的尊严。按照他们的观点，要想过道德高尚的生活，我们就要尊重他人的基本尊严，并将他人视为"目的本身"而不是"达到目的的手段"。

不幸的是，义务论者倾向于将尊严建立在理性的基础上，使道德地位成为某种认知功能。例如，在《道德的形而上学基础》（*Groundwork for the Metaphysics of Morals*）中，康德说，我们的尊严取决于我们的"理性本性"，因此只有理性的生物才值得受到道德尊重。许多现代康德主义者也赞同这一观点，并支持对道德地位的进入优先解释，按照这一解释，我们的道德价值在于进入认知（理性），而不是感知性（生动体验）[27]。

在一些出版物中，哲学家乌利亚·克里格尔（Uriah Kriegel）对此提出了警告。他说，我们在追随康德的进入优先路线之前应该三思而后行，这条路线会导致可疑的道德结论。在一篇题为《尊严和赞赏——尊重的现象学》（Dignity and the Phenomenology of Recognition-Respect）的文章中，他通过一个以义务论方法得出其逻辑结论的思想实验揭示了研究道德地位的道德论方法中的缺陷。他向我们介绍了两类虚构出来的道德地位候选人，并要求我们考虑它们中的哪一类应该受到道德尊重。其中一类候选者是"天气观察者"，它们是：

> 有意识、能感受的生物，但是不能采取任何行动……这是一些像木杆一样的生物，完全不能动弹，僵硬地固定在地面上，但仍然能够感觉到环境温度，关心环境温度，并对其产生极大兴趣。它们喜欢温暖的天气，每天早上都盼望有温暖的天气。当它们感受到温暖时，它们就高兴，而当它们感受不到温暖时就失望。因此，它们拥有基本的感知、认知和情感生活，但至关重要的是，它们没有行动能力，我们或许可以认为，它们的意志力因此而衰退，它们不能体验到诸如决策、意图或选择等状态[28]。

另一类候选者则是自主机器人（self-ruling robots）：

相反，想象一下如果我们的世界中有某种设定了目标（end-setting）的自动机或无魂人。毫无疑问，我们的许多行为都是无意识驱动的，这些行为使我们看上去好像有许多目的和目标，假定甚至包括最终目标，也就是说有无意识的目的。现在请想象一个生物，它的所有目的都是无意识的；如果它有什么精神生活的话，也都是无意识的。它没有感受或情绪，没有思想过程，没有肉体上的或知觉到的感觉。然而，它的无意识生活非常接近我们的生活，因此它会做出明智的、目标导向的行为[29]。

这两类候选者之间的区别是显而易见的。天气观测者对周围环境有主观和情感体验，但没有认知功能。它们拥有感知意识，但没有进入意识。自主机器人恰恰相反。它们是理性的和合乎逻辑的，因为它们根据预先存在的算法做出决策，但它们缺乏英国哲学家盖伦·斯特劳森（Galen Strawson）所称的"内心现实"（mental reality）[30]。它们拥有进入意识，但没有感知意识。

那么，在观察者和机器人之间，谁才是康德意义下真正"高级"的呢？克里格尔说，这个故事中高级的是天气观察者，因为它们是有感觉能力的生物，它们关心世界，对世界有情感兴趣，并对世界有看法。与它们相比，自主机器人是没有内心生活的机器。机器人没有感受。它们没有幸福感，不会感到痛苦，也没有祈求。它们甚至不生不死。由于没有任何感知性，它们正是历史上所认为的动物：一种没有柏格森生命推动力（Bergsonian élan vital）*的奇异机械装置，人们可以

---

* Élan vital 是法国哲学家亨利·柏格森（Henri Bergson）1907 年在其著作《创造性进化》（*Creative Evolution*）中创造的一个术语，他在书中以越来越复杂的方式探讨了事物的自组织和自发形态发生的问题。Élan vital 在英文版中被翻译为"生命推动力"（vital impetus），但通常被他的批评者翻译为"生命力"（vital force）。这是对生物进化和发展的一种假设性解释，柏格森将其与意识紧密联系在一起。——译者注

随意组装、拆卸和重新组装的无生命对象。人们无须在道德哲学方面受过高级培训就可以理解，从道德角度来看，重要的是天气观测者。

不幸的是，"进入优先"方法的捍卫者并不这样看问题。那些将进入意识作为道德地位基础的人别无选择，只能辩称：① 从道德上来说，允许我们将天气观察者当成工具来看待，因为它们没有进入意识；② 在道德上不允许我们也同样看待自主机器人，因为从技术上讲，它们是自主的理性生物。然而，这一立场在道德上令人困惑，因为当涉及这些机器人时，正如克里格尔所说，"内心空空如也"[31]。相反，天气观测者是有感受的生物，它们对我们提出了令人信服的道德要求。即使只是矗立在地面上，它们也满足了我们对道德的要求。

克里格尔认为把"现代的扫地机器人（Roombas）"[32]看成比那些渴望更好（和更温暖）明天的生物更具有道德价值的想法令人难以忍受，他怀疑是否有人，甚至康德本人，会真正这样想。如果康德在启蒙运动的鼎盛时期遇到了可爱的天气观察者，也许他会微调自己的立场，对我们可能需要理性的本性才能从道德方面进行思考（成为道德的主体），而不是具有道德地位（成为道德考虑的对象）的说法加以澄清[33]。克里格尔甚至像下面所讲的那样，按照这种想象的可能性重建了康德道德哲学的逻辑结构：

1. 只有将高级生物（拥有尊严的生物）视为目的而非手段，这样的行为才是道德正确的。
2. 因此，所有的而且也只有有感知意识的生物才是高级的。
3. 因此，只有当把具有感知意识的生物视为目的而不是手段时，这样的行为才是道德正确的[34]。

在这一重建中，是感知性而不是认知起着重要作用。感知性决定了谁才是共情的合适接受者。一般的康德主义者可能会批评这种重建把他们认为是理性认知才有的价值赋予了感知性是错误的,但克里格尔指出,除非我们准备让无生命的机器人在道德上优先于能体验快乐、希望和失望等感受的生物,我们必须驳斥认为只有达到认知层次才具有道德价值的道德理论。

最后还有一点要加以强调。克里格尔将我们的道德地位的基础定位于他所认为的我们对世界的感知体验的最重要特征:根本无法进入他人的感知意识,这种感知性无条件地只有自己才知道。没有人能拥有我的感知体验,就像我也不能体验其他人的感知性一样。然而,尽管我们无法接触到其他人感知体验的内容,但我们确实清楚我们无法进入。当我遇到另一个人时,我立即直观地意识到不可能进入他的内心生活,并意识到他是有意识的,这使我体验到这个人在道德上是不可侵犯的,这个人从我那里得到最庄重的道德尊重[35]。

克里格尔举了一个日常例子。如果我走进咖啡馆环顾四周,我会看到各种各样的东西:一幅画、一个坐在后面的人、一台蒸馏咖啡(espresso)机、一个灭火器、菜牌上的菜单、桌子、椅子等。因为所有这些物体都是我知觉到的东西,它们像围绕太阳的行星一样围绕着我转。然而,其中有一个物体与其他物体截然不同,那就是坐在咖啡馆另一端的那个人。当然,他也是我知觉的对象,就像他面前的灭火器和他身后的画一样。但他与这些无生命物体的区别在于他有双重身份。他既是我知觉的对象,他本身又是知觉的主体。他既是一颗围绕着我运行的行星,又是"有一大群星星和行星围绕着他运行的"太阳[36]。从现象学的角度来说,他围绕着我运行,就像我围绕着他运行一样。

克里格尔论点的关键是,在任何时候我都不会问自己:"坐在那里的人是物还是人,是行星还是太阳?"我一走进咖啡馆看到他,我就感觉到了他的热。我毫不犹豫地立即感受到了。在对主体间性

（intersubjectivity）*的结构提出这一主张时，克里格尔遵循了现象学家的悠久传统，在这些现象学家中包括马克斯·舍勒（Max Scheler）、路德维希·维特根斯坦、伊迪丝·斯坦（Edith Stein）、莫里斯·梅洛-庞蒂和伊曼纽尔·莱维纳斯（Emmanuel Levinas），他们认为对我们来说，他人的道德地位是不言而喻的；我们特别知觉到这一点[37]。我们从他们在世存在（being-in-the-world）**的方式中看到了这一点，就像我们从他们的面部表情中看到了某人的情绪——从欢笑中看出喜悦，从皱眉中看出愤怒。就像情绪一样，他人的内心之光不是通过推理得知的，而是知觉得出的。这种知觉是共情的根源。有些解读认为这就是共情本身。德国哲学家伊迪丝·斯坦有关共情的定义是我最喜欢的定义之一，她在1917年出版的《共情问题》（On the Problem of Empathy）一书中将共情定义为一种意识知觉到另一种意识的形式（mode）。这也是克里格尔的观点。

但从道德上来说，咖啡馆里的那个男人在我的体验中有什么与众不同之处呢？是他的身体吗？是因为我感到他的身体在解剖学上与我的身体相似吗？是他的脸吗？是因为我的脑已经进化到可以识别出人类和熟悉的脸了吗？是因为他使用语言吗？是我把语言当作道德价值的标志吗？不，不，绝非如此。我之所以尊重他是因为我无法进入他的体验，是因为我体验到他的内心世界对我来说是一个本体论上的禁区。咖啡馆里的男人的心里有一个我到达不了的整个宇宙，某种"抵抗吞并"[38]的无限性。当我走进咖啡馆，看到他在房间的另一边时，我立刻意识到我遇到了一个我无从开启的锁，一个我打不开的金库。这种打不开就是他的尊严，我对他的尊严的体验使我在道德上对他负

---

* 在哲学、心理学、社会学和人类学中，主体间性是人们认知视角之间的关系或交叉点。——译者注
** 在存在主义心理学中，在世存在指的是一种具有人类特征的存在类型。这一概念首先是由马丁·海德格尔（1889—1976）引进的。——译者注

有责任。

这听起来可能有悖常理，但克里格尔认为，感知性并非通过使你感知到而成为道德价值的基础，而是通过感知不到才成为道德价值的基础，实际上也正是如此。他人在我的体验中呈现出并非有关他们的正面一面。在我对他们的体验中正是那些绝对不能呈现的东西，即他们的意识才是道德价值的基础，这是一件近乎荒谬的事实。

梦的道德力量

很长一段时间以来，人们把梦解释为自我保护，因此，它也可能会透露出我们最隐私的秘密。柏拉图在《理想国》(The Republic)中警告不要解放梦中"非自然的欲望"[39]，而在《忏悔录》(Confessions)中，烦恼的奥古斯丁(Augustine)*为他在睡梦中所做的丑恶的通奸梦痛苦不堪。希波主教(Bishop of Hippo)**为梦中犯罪在全能上帝的眼中是不是本身也是一种罪而烦恼不已。15个世纪后，亨利·戴维·梭罗(Henry David Thoreau)***也同样怀疑梦是否能揭示我们真正的道德品质。在《康科德和梅里马克河岸上》(On the Banks of the Concord and the Merrimack)一文中，他写道：

> 在梦中，我们看到了自己的真实面目，表现出我们的本色，甚至比我们在醒着时看其他人更清晰。但是，某种根深蒂固的主

---

* 奥古斯丁是早期基督教的重要思想家，他对天主教和新教都有重大影响。他在公元396—430年曾是北非希波［今为阿尔及利亚的安纳巴（Annaba）］的主教。——译者注
** 就是指奥古斯丁。——译者注
*** 亨利·戴维·梭罗（1817年7月12日生于美国马萨诸塞州康科德，死于1862年5月6日），美国散文家、诗人和哲学家，以其杰作《瓦尔登湖》（1854）中记录的先验主义学说而闻名。——译者注

导美德会迫使即使是最怪诞、最模糊的梦也要服从醒着时的这种美德*；正如我们经常随意所说的那样，我们连做梦也决不会想到有这样的事情。在清醒梦中，我们体验到了真实的自我[40]。

奥古斯丁通过区分"发生"在我们身上的事（如梦到发生性行为）和我们有意识地进行的"行为"（如发生性行为），摆脱了困境。梭罗没那么害怕地狱**，他得出了一个和奥古斯丁完全相反的结论。我们在梦中的行为反映了我们在觉醒时养成的习惯，使它们成为我们个性的真正延伸。梦中发生的事情是衡量我们道德品质的尺度，是对"我们品格的试金石[41]"。

我发现，虽然从思想史的角度来看，这些关于梦道德的想法很有趣，但我认为柏拉图、奥古斯丁和梭罗是从错误的角度看待这个问题。尽管他们之间也存在差异，但他们都是在这样一种假设下进行的，即我们梦的道德力量存在于它们的内容之中，而要了解这种力量只要简单地将这些内容判断为"道德"或"非道德"就行了。在这方面，他们错了。他们认为梦具有道德力量是对的，但认为这种力量存在于梦的内容之中则是错了。对我来说，这种力量存在于其他地方，即梦与感知性之间的基本联系。我早就在前面论证过感知性是道德价值的所在，这意味着感知意识的内心状态赋予能体验到它们的有机体以道德地位。接下来，我想论证梦就是一种这样的感知状态。事实上，做梦很可能是一种典型的感知状态。因此，它充满了道德力量。

---

* 经请教作者，这句话的意思是说："这意味着，如果一个人真的是一个善良和道德高尚的人，那么他们只会做有道德的梦，因为他们的美德是如此之好，甚至可以防止做不好的梦或罪恶的梦。因此，如果你做了罪恶的梦，这意味着你可能没有那么善良。"——译者注
** 换句话说，梭罗在宗教方面没那么狂热。——译者注

作为感知状态的梦

布洛克在他 1995 年的文章中，试图通过寻找一个具有丰富感知内容但在认知上不可进入的意识状态的例子，来说明感知意识并不依赖于进入意识。他声称在参与认知心理学家乔治·斯珀林（George Sperling）在 20 世纪 50 年代后期进行的部分回忆实验的研究对象的体验中发现了这种"纯粹"的感知状态[42]。虽然我并不反对布洛克对斯珀林研究的解释，但我相信布洛克错过了一个更明显、更令人信服的纯感知的例子：梦。梦是一种内心状态，它向我们呈现了感知内容，同时去除了认知进入。在梦中我们体验到了布洛克所认为的感知意识所具有的所有主观状态（即图像、声音、气味和疼痛），而没有达到定义了进入意识的执行功能水平（理性思维、行为控制、能用语言报告）。

认知科学哲学家米格尔·安格尔·塞巴斯蒂安（Miguel Ángel Sebastián）是将梦解释为排除了认知进入的感知体验这一观点的最坚定的支持者。在谈到做梦的神经科学时，他解释说，在梦的状态下，我们在主观层面上体验到"随意控制和自返思维"的明显减少，与此相应，在神经元层面上，脑中产生认知进入的区域——背外侧前额叶皮层（dorsolateral prefrontal cortex, dlPFC）的活动同样明显减少[43]。dlPFC 被认为对高级认知功能至关重要，如规划、制定策略和注意。它是"工作记忆"的一个重要组成部分，它允许我们暂时存储和处理当前的信息，而不会忘记我们所要实现的目标。因此，dlPFC 似乎与进入意识密切相关。然而，在做梦时，它会关闭，这表明它对于一个完全正常的完整梦生活来说是不必要的。在《梦：解决有关意识的认知和非认知理论之间讨论的实证方法》（Dreams: An Empirical Way to Settle the Discussion Between Cognitive and Non-Cognitive Theories of

Consciousness)一文中,塞巴斯蒂安写道:

> 人们普遍认为,我们确实是在 REM 期做梦,但并非只在此阶段才可能做梦。在 REM 期,一些区域甚至比醒着时更活跃,尤其是边缘区域。在皮层中,从杏仁核接收强输入的区域,如前扣带回和顶叶也被激活;这有助于解释梦中高度情绪化的成分。相反,顶叶皮层的其余部分、楔前叶(precuneus)和后扣带回相对不活跃。就我目前的目的而言,更有意思的一点是 dlPFC 的选择性失活(与清醒时相比)……,考虑到 dlPFC 在认知进入中的作用,这些结果表明,我们在睡眠的 REM 期缺乏认知进入,因为在睡眠时由另一个脑区发挥 dlPFC 在认知进入中的作用似乎是不大可能的。然而,我们在这个阶段做梦;如果受试者从这一阶段的睡眠中醒来,并被问到是否做梦,他们中至少有 80% 的人的回答是肯定的。梦是有意识的体验,不是吗[44]?

的确如此。所有的实证证据都表明,普通梦是没有进入意识的感知意识体验[45]。只有当我们做清醒梦的时候,事情才会有所不同。在清醒梦中,dlPFC 重新参与梦的生成过程,导致我们对随意控制和自返思维的主观体验突然增加[46]。

因此,在醒-睡-做梦的范围内,dlPFC 如何运作有明确的逻辑。当我们进入意识时,它就"打开"了,而当我们只有感知意识时,它就"关闭"了。这促使塞巴斯蒂安推测 dlPFC 可能是当代神经科学的圣杯:进入意识的神经相关集合(neural correlates of access consciousness)。

布洛克正确地认为,因为实际上做梦时进入意识和感知意识是分离的,因此,它们在理论上也是分离的。梦就是"纯"感知性的一个例

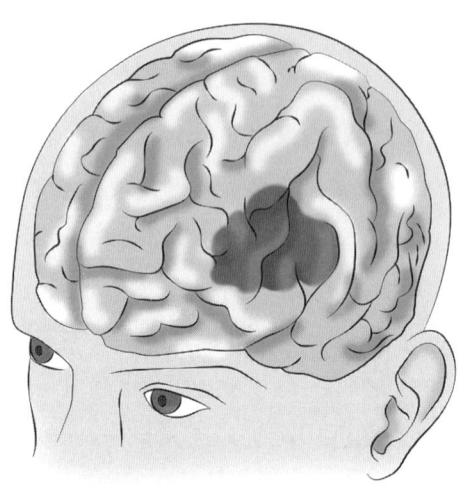

背外侧前额叶皮层（此处用灰色阴影表示）是额叶的一个区域，许多神经科学家认为，由于其参与理性思维和执行控制，该区域包含进入意识的神经相关集合。这一区域在非清醒梦中失活，这支持认为这些梦有感知意识，但不能进入有意识的内心状态的观点

子，这表明"现象学独立于认知进入"[47]。梦为做梦者提供了一个没有认知控制的体验舞台。因此，梦暴露了两个受人尊敬的学派的缺点：意识的认知主义理论（cognitivist theories of consciousness）将意识体验等同于执行认知[48]，而心智的高阶理论（higher-order theories of mind）则是从哲学而非科学的立场得出这同一些概念[49]。这些理论都假设，进入意识是所有形式的意识体验的基础。然而，做梦向我们表明，某些意识状态仅依赖于感知意识。

道德地位

我们现在可以把这些论点放到一起，总结成下列各点：

假定 1：道德地位的基础是感知意识。

假定 2：梦都是处于感知意识状态。

结论 A：因此，梦赋予道德地位。

假定 3：有些动物也做梦。

结论 B：因此，至少有些动物也拥有道德地位。

但道德地位是一个模糊的哲学概念，其实际后果远未确定[50]。在实践中，将道德地位赋予动物意味着什么？这是否意味着我们应该出于善心而善待它们？这是否意味着我们在做出影响到它们的决定时必须考虑它们的利益？这是否意味着我们承认它们也享有基本的法律权利，如生存权和人身自由权？这是否意味着我们不能用它们做科学研究，不能在动物园和水族馆里展示它们，不能让它们为我们做体力或情感劳动？这是否意味着不能驯养它们？

虽然我不打算在这里解决这些巨大的伦理问题，但我们决不能只见树木不见森林。尽管我们无法列举所有具体细节，道德地位的概念可以使我们做重要的道德工作。例如，动物伦理学家戴维·德格拉齐亚解释说，赋予动物道德地位使我们有充足的理由谴责压迫动物的社会机构，如工业化养殖和侵入性生物医学研究和行为研究[51]。道德地位赋予动物道德权利，以保护它们的利益不受侵犯（如果你是结果论者的话），或使它们的尊严不因人们的舒适、私利或进步而受到侵犯（如果你是义务论者的话）。压迫和剥削动物的习惯是一种道德灾难，对此无论是结果论还是义务论都无法找到合理的伦理框架。我们无须完全了解承认动物道德地位的所有伦理、法律和社会意义，就可以肯定工厂化养殖和侵入性科学研究等制度是有问题的。道德地位这一概念尽管轮廓不清，但其核心意义却出人意料的稳定*。

认识到动物的道德地位可以帮助我们以更道德的方式处理人与动物之间的关系，使我们更接近解放动物的目标。但我不想使一个复杂问题简单化。道德地位可能是争取物种间正义的有力工具，但它并非解决我们所有社会问题的灵丹妙药。这并不是我们解决在对待动物，或者不如说虐待动物的漫长而可怕的历史问题的捷径。这个概念

---

* 经请教作者，这段话的意思是："我们还不知道承认动物的道德地位的所有实际后果，尽管这样，我们还是知道某些做法（如工厂养殖和侵入性研究）再也不能被认为是理所当然的了。道德地位的概念也许在某些方面不那么清楚，但是总的说来还是很容易理解的。"——译者注

可能将动物带入我们的道德世界，但它并没有告诉我们它们应该在其中占据什么特殊位置。即使我们将道德地位赋予从蚊虫到蓝鲸的所有动物，我们仍有许多理论工作要做。我们需要弄清楚什么动物有什么样的利益，什么利益需要什么样的保护，什么保护会引发什么样的后果。正如动物伦理学家洛里·格伦（Lori Gruen）所观察到的那样，"非人类动物可以向我们提出道德要求，但这本身并不表明如何评估这些要求，也不表明如何裁决相互冲突的要求。在道德上有重要性就像出现在道德雷达的屏幕上。但信号有多强或信号在屏幕上的什么位置上是两个独立的问题[52]。"但有一件事是肯定的：在我们允许动物进入目前不被认可的道德世界之前，我们无法对相互冲突的主张做出裁决。

只有道德地位才赋予动物进入道德世界的权利。

伦 理 结 语

当代对动物意识的否定应该让我们感到害怕，因为否定动物具有内心状态和完全无视它们的福祉之间的距离极小[53]。我们当前面临的主要伦理挑战之一是放松这些主宰我们思想的否认，这样我们就不再将动物视为没有心智的一团物质，并开始将它们当作有意识的生物，它们是重要的，也有对它们来说重要的事，这也就是说，它们作为生物仅只因其存在本身就具有价值，也让世界充满了价值。

"关怀"（minding）动物是在道德战线上取得进展的一个方面[54]。我喜欢这个词，因为它有双重含义。这意味着将动物看待为认知主体，关心它们的际遇，关心它们的生活以及它们的生活条件。我喜欢这个词，也因为它的意思是交互的。从认知上关怀动物使得在道德上关怀它们成为可能，或者至少要容易得多。不那么认为动物只不过是没有心智的畜生这一观点的研究项目可以克制物种主义暴力。以暴力是我们作为人类的特殊地位的合法后果为借口，这种暴力变得更加残酷，因为这使人们在生活的许多领域毫不犹豫地施暴。我的论点是，除非我们注意到动物心智的所有方面，从动物在醒着时表现出来的看得到的行为直到它们在睡眠中独处的隐秘部分，否则我们将无法成功地在这种双重意义上"关怀"动物。

结　语

动物主体，世界构建者

> 梦，看似无足轻重，却具有一种奇怪的属性，把我们引进越来越深的哲学问题。
>
> ——伊恩·哈金（Ian Hacking）[1]

我们对动物还很不了解。这些与我们分享短暂生命的非人类伙伴是谁？对我们来说它们是谁，而对它们来说我们又是谁？虽然有许多现实力量将我们分开（语言的差距、他者心智的问题、拟人化的危险等），我们应该如何理解同时将我们联系在一起的同样多、同样现实的相反的力量？

意大利哲学家保拉·卡瓦列里（Paola Cavalieri）把这称之为"动物问题"（the animal question）[2]。

是什么把我们分隔了开来

我们对动物梦境的探索表明，动物并不是我们的简化版。它们并非陷于身体、心理、进化、本体或精神发展方面停滞不前的异常状态。它们有它们自己的身体图式、心理结构和进化历史；它们有它们自己的利益、愿望和动机；它们以它们自己的方式塑造和解释现实，忍受和享受世界的极度多样性。我们偶尔也可能会看到我们体验的某些方面会反映在它们身上，但它们本身并不是我们的反映。它们的存在并不是为了反映或补充我们。它们不为我们而存在，也不感谢我们。它们的存在只是为了它们自己是谁和是什么，而不是为了我们希望它们是谁或是什么。借用哲学家汤姆·里甘（Tom Regan）的话来说，它们是"生活的主体"，也就是说，它们是自己生活的主体。

对我们来说，这一他者性（their-ness）是一个必然的极限。这意味着，我们所有试图理解它们的努力都将受困于我们解决不了的模糊性，还有那些我们回答不了或至少无法很好回答的问题。我自己试图理解动物做梦时会发生什么的问题也同样如此。

与本书开始时相比，我们现在离全面了解其他动物的梦走了没多远。往好里说，我们也只知道了其中一部分。我们知道，当它们醒着时的经历如果激发起它们的兴趣、好奇心和快乐时，它们会梦到愉快的事情。我们知道，如果它们受到过创伤，它们会梦到最可怕的事情，并挥之不去。我们从对海马回放研究的分析中知道，并不是所有的梦都是过去经历的重演，因为有些梦涉及现实世界中不真实的现象。即便如此，一些紧迫的问题仍然没有得到回答，例如：

动物的心智在睡眠中究竟和其经历的差别能有多大？
动物能梦到抽象的思想吗？
它们能在梦中解决在它们醒着时困扰它们的问题吗？
它们会经历梦控制、虚假觉醒或睡眠麻痹吗？
它们的梦中世界究竟能有多奇怪、不合逻辑和超现实？

大鼠会梦见自己成了猫吗？

猫在梦中会发现自己成了被追逐的一方吗？

简单一句话就是，我们对这些问题一无所知。但是，如果我们承认它们的梦并不总是对过去事件的忠实回放，我们至少必须考虑到它们的梦可能像我们的梦一样荒诞、巧妙和离奇。当然，这种荒诞、巧妙和离奇是以典型的非人类的方式呈现的[3]。

除了梦的内容之外，我们在本书中没有解决的另一个问题是对梦的记忆。正如哲学家何塞·米格尔·瓜迪亚（José Miguel Guardia）在1892年指出的那样，"人们很好奇动物是否记得它们在夜间的幻觉：无论是支持还是反对动物精神的人都忽略了这个问题[4]。"一个多世纪后，我承认有充分的理由相信这一受到忽视的问题仍然存在。很难想象人们该如何判断动物是否记得它们的梦。尽管如此，我们对其他物种的记忆系统已经有了足够的了解，因此可以说我们不能立即排除这种可能性，即使我们现在还不能说出任何具体的东西。也许动物只记得它们的一些梦，而且只记得很短一段时间。即使如此，这也意味着它们在梦中发生的事情会影响它们醒着时的思维、行为和生活方式。这可能意味着它们的梦境会渗入它们醒着时的世界里，对其产生影响。

对梦的记忆也意味着动物面临着将它们的梦中记忆整合到贯穿始终的自我感（sense of who we are）中这样特殊的挑战，因为从认知角度来说，做梦和记住梦是两件不同的事情。正如梦研究专家欧内斯特·哈特曼（Ernest Hartmann）所观察到的那样：

无论梦实际上是否被记住，梦依然有其基本功能。如果能记得起梦，在揭示用于自我认识、生活决策和新发现的更广泛的联系和可能性方面，它能发挥进一步的作用[5]。

安东尼奥·达马西奥持有类似的观点。他在《笛卡尔的错误：情绪、推理和大脑》(*Descartes' Error: Emotion, Reason, and the Human Brain*)* 一书中解释说，我们的自我感并不像笛卡尔所认为的那样来自上层和来自理性。它来自底层，来自把带情绪色彩的记忆缓慢而稳定地固定下来，其中也包括对梦的记忆。如果发现别的动物对梦也有记忆，如果这不是意味着我们并非唯一一种能不断从过去的线索中编织出达马西奥所说的"自传体自我感"的生物之外，还能意味什么别的意思呢？

我认识到，这些言论将我们带到了悬崖的边缘。在这里，我们面临着试图解答无法回答的问题的风险，或者那些答案只能是试探性的、不精确的、不可靠的，如果不说是彻头彻尾推测性的话。但这是无法回避的。一方面，这就是研究其他动物的意义。我们不得不接受在动物的体验中，有些方面是我们不了解，或许永远也认识不了的方面，因为这些方面是我们到达不了的。另一方面，这也正是研究梦的意义所在。正如科学哲学家伊恩·哈金所观察到的那样，梦就是离奇。作为研究对象，它们具有哈金所称的"奇特属性"，即以其奇幻的魅力吸引我们，并吸引我们越来越远离我们能用智力轻易解决的领域，直到我们发现自己身处一个陌生的世界，感到束手无策和茫然无措。如果连我们自己的梦都让我们感到这种疏远和陌生的影响，那么对由无情的进化力量带到这个世界上的无数别的生物的梦，我们又该期望能得到些什么呢？

我们可能会为人类无法掌控这个世界的某些方面而感到沮丧和懊恼。但是我们也可以对自然界固有的神秘性表示欢迎，并因此在智力

---

* 本书有中译本：安东尼奥·达马西奥. 笛卡尔的错误：情绪、推理和大脑［M］. 殷云露译. 北京：北京联合出版公司，2018.

和精神上成长起来。也许追随动物进入变幻莫测的梦境深处的经历会让我们摆脱我们自己的僵化假设,特别是我们对它们的心智所可能达到的高度和深度,以及它们灵魂能走多远的假设。

在迷失方向之后,重新再定方向。

是什么将我们联系在了一起

动物的心智有丰富多彩的记忆、丰富的创造性,并是高度具身的;而梦让我们得以一瞥这种丰富性。梦尤其让我们认识到,像我们一样,动物在构建自己对世界的体验中发挥着积极作用。动物不只是被动地接受现成的经验,它们还能在内心中将影响它们的杂乱无章的感觉数据流转化为一个单一、有意义和连贯的感知世界。

如今,神经科学家和哲学家都一致认为,所有有意识的体验从根本上来说都是创造性的。当外部世界通过不同形式的物理能量(如光、温度、压力、化学化合物)让我们产生感觉时,我们的身心把这些混沌的能量模式转化为一个统一的感知世界,其中有时空坐标、稳定的知觉、情绪内容、社会动力学(social dynamics)*等。在我们存在的每一刻,我们的身心都很忙,忙于编织无序的数据流,这些数据流将我们的感觉变成我们所称的现实的"由符号组织起来的意义场(field of meaning)[6]"。不管我们是醒着还是在做梦,这种创造性的冲动总是在我们有意识的生活中起作用。

然而,梦的独特之处在于,它在感觉运动几乎完全阻断的极端条件下产生了一个意义场。根据其定义,做梦就是一种魔法般的精神把戏,我们在没有外部世界的引导下,就像变戏法般地创造出一种主观

---

* 经请教作者,社会动力学在此处只是指存在其他生物。——译者注

现实。事实上，如果只许我们说出一个做梦时和醒着时的生活之间的区别，那就是做梦不怎么依赖于"外界"，而醒着时的体验总是直接而不间断地与外界交流。正如艾伦·霍布森在《梦药店：由化学改变了的意识状态》(*The Dream Drugstore: Chemically Altered States of Consciousness*) 一书中所说：梦完全是"自创造的（auto-creative）"[7]。它们是心智为自己创造的精神艺术品。这种自创造力令人迷惑不解，因为这给我们留下了一系列问题，对这些问题我们还没有确切的答案，例如：

> 在动物生命史上，这种自创造力是何时首次涌现出来的？为什么？
> 它是通过怎样漫长而曲折的道路进入进化树上这么多的分支的？
> 它在动物心智中擦出了怎样的火花？
> 它需要什么样类型的主观体验作为其前提？
> 反过来，它又能带来什么类型的体验？

虽然要想建立起有关动物主观性的完整理论超出了本书的范围，但我认为，这种自创造力通过提供我们动物构建世界的非凡能力的线索，开始为这种理论勾画出了一个轮廓，动物即使在睡眠的极度平静中，也从其存在的最深处产生了一个神秘的想象出来的世界[8]。

狂妄自大使我们认为只有我们才拥有这种构建世界的力量。正如弗里德里希·尼采（Friedrich Nietzsche）在19世纪末所说，人类的骄傲自大让我们把"整个宇宙看作来自单个声源（人）的无限分散的回声；把整个宇宙看作是一个原始图像（人）的无限复制"[9]。但宇宙并不只是我们的回声或复制品。尼采接着说："如果我们能和蚊子沟通，我们就会知道，它也以同样的庄重感在空中飞行，它感到宇宙的飞行中心就在其自身之中。"尼采的意思就是，所有动物都是"有艺术性创造力的主体"（artistically creating subjects），它们构建出适合自己生存的感知现实。即使是蚊子，也通过作为蚊子，以及通过将它们的声音和图像投射到宇宙中来构建蚊子的世界。尼采说，即使是它们的眼睛，"也能扫过事物表面，并看到'形状'（forms）[10]。"

达尔文在尼采之前的几年，引用德国浪漫主义者让-保罗·里希特（Jean-Paul Richter）的话，对其他生命形式构建世界的力量也得出了几乎相同的结论，他在《人类的起源》一书中将动物梦定义为"不由自主的诗歌创作"[11]。动物是非刻意而为的诗人，它们通过不倦地将旧事物和新事物结合和重组，创造出"辉煌和新奇的结果"。本着这种精神，我希望我们接受下列观点，即梦代表构建主观世界的艺术，梦是动物的心智在睡眠中唱给自己听的颂歌。通过给听众听这些颂歌，哪怕不是用人的语言来唱，我们也开始着手一项揭露真相的任务，即由于我们自己的傲慢使我们看不到动物和我们一样，也是自己体验的创造者，也是自己现实的建筑师；它们和我们一样，也是世界的构建者，即使是睡眠的冥河激流（Stygian currents）*把它们拉进深渊，并让它们飞进镜中也是如此**。

---

* Styx 是希腊神话中阴阳两隔的冥河，Stigian 是其形容词。——译者注
** 最后这句话的意思也是进入梦境。源自英美读者自小熟读的儿童读物《爱丽丝镜中奇遇记》（*Through the Looking-Glass, and What Alice Found There*），该故事说的是小姑娘爱丽丝在梦中见到的种种神奇虚幻的经历。——译者注

注　释

引言

［1］ Carson (1994), p.25.

［2］ "Octopuses: Making Contact" 美国公共电视网（PBS）2019 年 10 月 2 日播出。

［3］ 在以下网址中可找到录像：https://www.pbs.org/video/octopus-dreaming-trept6/。

［4］ Santayana (1940), p.303.

［5］ 罗马哲学家 Lucretius 在写成于公元前一世纪的《论事物的本质》(*De rerum natura*) 中讨论了动物梦。参见：Lucretius (1910), p.176–177.

［6］ Halton (1989), p.9.

［7］ 除了曼格和西格尔的文章之外，几乎所有有关动物睡眠的出版物中都不提起"梦"（dream）和"做梦"（dreaming）这两个术语，即使在像《国家地理地理杂志》(*National Geographic*)、《英国独立报》(*The Independent*) 和《BBC 新闻》等媒体对这些出版物的报道中也是这样。一个重要的例外是马利诺夫斯基（Malinowski）、谢尔和麦克洛斯基（McCloskey）的一篇文章［Malinowski, Scheel and McCloskey（2021）］，很不巧，由于这篇文章是在本书付梓之后出版的，所以在这里就没能讨论到。在关于人类做梦的出版物上，偶尔也会提到至少有一些动物可能会做梦的观点，在此类出版物中专家似乎更容易接受这个观点。茹韦和

哈特曼的作品 [Jouvet（1962、1979、2000）] 和 [Hartmann（2001）] 就是很好的例子。尽管如此，大多数研究做梦的心理学家和神经科学家仍然假设在人类的梦和动物的梦之间存在一条宽阔而参差不齐的断层线，他们坚持认为人类梦是实证研究的合法对象，而一说到动物的梦，他们告诉我们，我们说不出任何具体的东西，有时甚至对动物究竟做不做梦都说不清楚。

[8] 梦行为是生物体在睡眠时，特别是在通常与做梦有关的睡眠阶段进行的一系列身体运动，这些动作包括快速眼动、梦中奔跑、睡眠打架、睡眠咕哝等。

[9] "内心回放"是指动物在睡眠周期的不同阶段表现出的脑活动模式，似乎是对醒着时行为的重演。

[10] 当在人类身上观察到梦行为时，人们将其解释为和有意识体验相关的行为表现，看作内在现实的外在表达；但当在其他动物身上观察到梦行为时，通常就将其解释为是没有主观意义的无意识生理事件。同样地，当人类在睡眠中表现出特定的神经活动模式时，没人怀疑他们是在"做梦"；但是，当在其他物种中发现这些模式时，科学家们会立即不再用理性进行解释，这时他们就使用"内心回放"一词。这些术语听起来像是同义词，但事实并非如此。关键的区别在于，梦是一种活生生的现实，它要涉及某种意识觉知，而内心回放（正如科学家定义的那样）是一种认知过程，可以在没有意识觉知的情况下展开。

[11] Griffin (1998), p.13. 批判动物研究的专家将精神恐惧症的起源追溯到各种历史来源，如西方哲学的人文主义偏见、犹太－基督教价值观的人类中心主义教义以及17世纪科学革命的机械主义精神。例如，唐纳德·格里芬将其追溯到行为主义心理学的理论信念 [Griffin（1998）]，而法国哲学家文森·德斯普雷特（Vinciane Despret）给出了另一种解释，他追溯到19世纪末，那时科学家开始通过将自己与其他社会上和动物问题有关的人物（如"业余爱好者、猎人、饲养者、训练员、看护者和博物学家"）区分开来，来打造自己的"专业身份" [Despret (2016), p.40]。在动物行为研究中放弃心灵主义（mentalistic）概念，这是将科学提升为获取动物知识的唯一可靠来源的更大战略的一部分，如果不放弃"科学实践……试图摆脱的一种思维或认识模式，即业余人士的思维或知识模式"，就不可能实现这一目标。

[12] 非学术界人士经常惊讶地发现，有学者公开捍卫动物没有意识的观点。

其中最著名的是哲学家彼得·卡拉瑟斯（Peter Carruthers），他就这一主题撰写了大量文章和书籍［Carruther（1989、1998、2008）］。按照他的说法，动物的内心生活在一片空白之中，正如我们在醒着却失去了对周围环境的觉知时一样，例如当我们长时间开车而"走神"的时候。他并不是唯一一位持这种立场的人。情绪神经科学的著名专家约瑟夫·勒杜（Joseph LeDoux）认为，我们甚至不应该认为动物具有恐惧等基本情绪，因为我们无法确定动物是否真能体验到这些感受［LeDoux（2013）］。生物学家玛丽安·道金斯（Marian Dawkins）也持类似观点，鼓励科学家对动物的内心生活持"激进的不可知论的态度"［Dawkins（2012），p.177］。

［13］ 奇怪的是，诺曼·马尔科姆宣称动物是没有思想的畜生，这只是他更大的人类中心计划的一个方面。另一个方面是他对梦的语言解释，他在《做梦》（*Dreaming*）（1959）一书中发展出这种解释。马尔科姆的立场不仅仅是说，只有拥有语言的生物才具有做梦的主观能力。在他看来，梦的内容就等于有关梦的语言报告。正如科学哲学家伊恩·哈金敏锐地观察到的那样，这听起来就好像在说梦是由自己的回忆构成的，这导致了一种可笑的结论：如果我们回想不起一个梦，那么就一定根本没有做过梦［Hacking（2004），p.232］。马尔科姆明确地将他的立场武器化以反对动物，他认为并不是因为动物不能做梦所以它们不报告，而是因为它们不能报告才不会做梦。

［14］ 一般而言，外部描述着重于事物的客观状态，这些客观状态需要定量测量和主体间确认（intersubjective confirmation），而内部描述则取决于主观现实，如信念、意图和情绪，难以使用实证方法进行研究。正如动物哲学家伊莉莎·阿尔托拉（Elisa Aaltola）所解释的那样："内部描述强调主观体验，而外部描述强调机械解释（mechanical explanations）。因此，前者通过动物的体验和认知状态来解释看上去似乎是有意为之的行为，而后者通过机械本能、行为主义和脑生理学之类来做解释。"［Aaltola（2010），p.71］

［15］ 以心理学家C·劳埃德·摩根（C. Lloyd Morgan）的名字命名的摩根准则是指认为对动物行为的复杂解释还不及简单解释可靠的一种信念。只要还有可能，研究人员就应该乐于采纳只涉及解剖学和生理学概念的低层次解释。只有当低层次解释不行时，他们才需要寻求引进心理和认知概念的高层次解释。这一原则的问题之一是，至少从理论上来说，总是

有可能用低层次的解释来解释甚至是最为复杂的有意向性的行为和社会行为。此外，正如灵长类动物学家弗兰斯·德·瓦尔（Frans de Waal）所观察到的，这一原则很容易变成某种自我应验的预言。因为我们假设动物没有复杂的心智，我们要求对动物行为进行低层次的解释；但又是因为我们在我们所研究的各个方面都只找到低层次的解释，我们因此认为它们没有复杂的心智［de Waal (2016), p.42-45］。

［16］ 不幸的是，许多对这一哲学论点感兴趣的科学家并不精通与之相关的哲学文献。因此，他们要么对这一论点相信得过了头，要么没有注意到这一观点可能会使他们陷入他们实际上并不愿意赞同的立场。例如，他者心智问题是只适用于动物呢，还是对人类也适用？如果它也适用于人类的话，那么这个问题是否会因文化、宗教和民族而异？这个问题有朝一日能得到解决吗？会有人能知道别人的心思吗？这似乎不太可能。严格遵照这条思路可能会直接导向极端形式的唯我论，这是大多数人都会理所当然地加以拒绝的。那么，在关于动物意识的辩论中，这个问题应该占有多少分量呢？

［17］ 如今，研究梦的专家将 REM 睡眠期间发生的梦解释为由始于脑桥（P）突然发生的一连串神经活动所触发、经过外侧膝状体核（G）并最终在枕叶（O）处合成视觉体验。这种"激活合成假说"（activation-synthesis hypothesis）最早由艾伦·霍布森和罗伯特·麦卡利（Robert McCarley）于 20 世纪 70 年代末提出，现在成了神经科学研究梦的标准理解工具（Hobson and McCarley, 1977）。正如我在第 1 章中要解释的那样，在其他物种（如斑马鱼）中也发现了相当于人类 PGO 波的各种版本。

［18］ 这并不是说在梦科学中不再使用口头报告，而是说当今发表的关于做梦的许多科学研究都是关于梦的行为和神经科学方面的。此外，研究人员逐渐认识到，口头报告存在许多记忆回想不准的缺陷，人们对口头报告的兴趣减弱了。

［19］ 我们永远都不会有绝对的把握知道其他动物是否做梦，因为我们无法直接进入它们的内心生活。但科学并不是绝对的。科学设计本身决定了其最有力的结论是带有概率性和可否定的判断，其认识论价值在于得到了多少支持，而不是绝对意义上的真实。

［20］ 在确定自己在科学和哲学之间的定位时，我受到了普维（Poovey, 1998）对科学事实的社会建构的想法的启发。

［21］ 在写本书时，我参考了其他认为动物也会做梦的学者的见解，如盖伊·卢

斯、米歇尔・茹韦、欧内斯特・哈特曼、肯威・路易、马修・威尔逊、保罗・曼格、杰罗姆・西格尔、马克・贝科夫和鲍里斯・西鲁尼克。在本书中，我以他们的工作为基础，同时又在三个重要的方面超越了他们。虽然他们都提到了动物做梦的证据，但都没有尝试过像我在第 1 章中做的那样把这些证据综合起来。此外，在这本书中，我比这些思想家更系统地探讨了动物梦的哲学含义。最后，还有篇幅的问题。光是这篇引言就已经比所有这些思想家（除了茹韦之外）发表的关于这个主题的文章都要长。

第 1 章

［1］ Darwin (1891), p.169.

［2］ Lindsay (1879), p.94.

［3］ Lindsay (1879), p.95.

［4］ Morse and Danahay (2017).

［5］ 康德认为动物有"重现式"的想象力，即能回忆过去的事件。他否认他们有"创建式"的想象力，后者是大多数人在日常讲话中用到这个词时的意思（Fisher, 2017）。创建式的想象力创造新事物，甚至是无法直接体验到的事物。有关动物想象力的讨论，请参阅第 3 章。

［6］ 罗马尼斯声称想象力有四个等级。第 1 级的想象力是当对一个物体的知觉使动物回忆起由非该知觉引起的该物体的其他各种属性（例如，当我从远处看到一个橘子时，我回忆起其气味）。第 2 级想象力是动物在心中想象看到一个在其环境中并不存在的物体，只是因为在环境中存在另一个物体而使动物想起它（例如当我看到水，就想到酒，所以我想象看到一杯酒）。第 3 级想象力是当周围环境中没有任何线索时，我们自发地、随心所欲地想象到一个物体。最后，第 4 级想象力涉及"有意形成内心中的画面，其唯一目的是获得新的理想组合"［Romanes (1883), p.144］。罗马尼斯不相信动物也有第 4 级想象力，认为这是"人类的独特之处"（第 144 页），但他确信动物有前 3 级的想象力。特别地，他认为梦属于第 3 级想象力，因为梦涉及在没有外部线索的情况下看到物体（第 148 页）。早于罗马尼斯 3 个世纪，法国思想家米歇尔・德・蒙田（Michel de Montaigne）也提出了类似的观点，他写道："即使是畜生也像我们一样受到想象力的影响；狗因失去主人悲伤而死；它们在睡梦中吠叫、颤抖；同样地，马在睡觉时会踢腿和嘶鸣，这些都是证据。"（Montaigne, 1877）

[7] Romanes (1883), p.148.

[8] Romanes (1883), p.148.

[9] 提到的还有让-查尔斯·胡索（Jean-Charles Houzeau）、罗伯特·麦克尼什（Robert Macnish）、约翰·贝克斯坦（Johann Bechstein）、托马斯·杰顿（Thomas Jerdon）和布冯伯爵（Comte de Buffon）乔治·路易斯·勒克莱尔（Georges-Louis Leclerc）。

[10] 哲学家们也对这个话题着迷。1892 年，西班牙哲学家何塞·米格尔·瓜迪亚发表在《法国和国外哲学评论》（*Revue Philosophique de la France et de l'Étranger*）杂志上的一篇文章中谈到了动物梦。这篇文章影响了精神分析学之父西格蒙德·弗洛伊德（Sigmund Freud），他后来在其名作《梦的解析》（*On the Interpretation of Dreams*）中提到了动物梦。在对德桑蒂斯作品的评论中，比奈还引用了美国哲学家玛丽·惠顿·卡尔金斯（Mary Whiton Calkins）的作品，她写了一篇关于梦的统计的重要文章，并分别于 1905 年和 1918 年成为美国心理学协会和美国哲学协会的第一位女主席。

[11] 在 20 世纪上半叶，行为主义在心理学中占据了统治地位，它排斥 19 世纪心理学的直觉主义方法，并坚持认为，为了使心理学成为一门科学，它必须将自己局限于研究可公开观察到的事实，即行为。这意味着要避免诸如"心智""想法""符号""图式""思想""感受"和"表征"之类的心智主义（mentalistic）概念。20 世纪 50 年代和 60 年代的认知革命抵制了这种方法，并要求心理学回到其揭示心智的内部结构的初心，这意味着将行为主义者诋毁的所有概念重新引入到心理学的话语中。到了 20 世纪 70 年代和 80 年代，心理学家切断了与行为主义的大部分联系，并再次对内心状态进行辩论。然而，即使心理学家在研究人类行为时不再采用行为主义原则，许多心理学家在研究动物行为时仍继续为应用这些原则进行辩护，从而在进化生物学、动物学和动物行为学等领域中拱手让位给了行为主义。对认知革命感兴趣的读者，如果想了解其历史情况应参考加德纳的书（Gardner, 1987）；而如果对从哲学的角度进行辩护则应参考巴尔斯的书（Baars, 1986）。

[12] de Waal (2016).

[13] 福克斯（Foulkes, 1990）的立场代表了主流。由于梦是在人的童年时期逐渐获得的，通常与符号能力同步，因此人们通常认为梦依赖于这些能力。

[14] Dumpert (2019).

[15] 斑胸草雀的歌声是由音符组成的复杂音乐成就,音符构成音节,音节又构成主题(motifs)。这些歌声是通过学习学会而非天生就会(Derégnaucourt and Gahr, 2013)。

[16] Dave and Margoliash (2000), p.815.

[17] Dave and Margoliash (2000), p.812.

[18] 当我说回放并不同时也有现象学时,我的意思是,如果用哲学家托马斯·纳格尔的话来说,就是雀类进行回放并没有"做什么特别的事情"。纳格尔对感知意识的定义是,它与如看、闻、尝和疼痛之类的定性体验相关(Nagel, 1974)。布洛克还把与外部感觉刺激无关的主观状态也包括在这个范畴之内,如私下的思想、欲望、情绪、感受和内部感觉(Block, 1995)。

[19] 神经生物学认识到神经事件时间性的重要性。汤普森(Thompson, 2007)借用了瓦雷拉(Varela, 1999)所说的神经活动在"1/10尺度"和"1尺度"之间的区别,他认为1/10尺度(10毫秒到100毫秒之间)的事件可能太快,而无法产生现象学上的相关集合,但以1尺度(250毫秒到几秒之间)展开的事情则可以使主体感到"正在发生"。汤普森写道:"这种神经动态的现在(This neurodynamical now)是当前认知时刻(present cognitive moment)的神经基础。"(第334页)

[20] "CA"是cornu Ammon的缩写,在拉丁语中是"阿蒙角"(Ammon's horn)的意思,其形状就像海马中的阿蒙角。

[21] 德阿纳(Dehaene, 2014)对此研究进行了一些讨论。他指出,如果有人欺骗大鼠,让它们以为它们所在的位置与它们所认为的位置不同(比如,通过在围墙上画画或改变土壤),海马细胞会在两种解释之间"摇摆不定",直到最后确定一种解释,这取决于错觉的成功程度。(第207页)

[22] Louie and Wilson (2001), p.154.

[23] Louie and Wilson (2001), p.146.

[24] Louie and Wilson (2001), p.149. 他们指出,快速眼动睡眠期间海马活动的变慢可能是由于在醒着时和睡眠状态之间的温度差异。"θ节律的频率对脑的温度敏感,睡眠期间脑的温度通常较低,这表明造成REM再激活的神经过程可能也类似地减慢了"。(第154页)

[25] 本多和威尔逊(Bendor and Wilson, 2012)指出,通过回放实验改变大鼠梦的内容是可能的。通过让动物在睡眠时受到不同的刺激,他们可以改变脑的激活模式,以致很可能带来新的梦境体验。

[26] Louie and Wilson (2001), p.149.

[27] Louie and Wilson (2001), p.151.

[28] Louie and Wilson (2001), p.153.

[29] 布里尔顿（Brereton, 2000）观察到，REM 睡眠期间的海马活动与在觉醒状态下的海马活动相匹配，但在非 REM 睡眠期则并非如此。他引用罗滕贝格（Rotenberg, 1993）的话解释说，有临床证据表明："大鼠、兔子和猫在两种不同的代谢状态下（醒着时的搜索和生存活动，以及快速眼动睡眠），它们的海马中存在高幅低频的 θ 节律。"（第 387 页）

[30] "仿真"一词非常重要，经常出现在人类梦研究中，尤其是在雷文索的做梦理论中，该理论认为梦是对现实的内生仿真（Revonsoo, 2000、2005）。

[31] Leung et al. (2019), p.201。这些作者得出结论，这些状态是不同的，因为睡眠剥夺对它们的影响不同。当斑马鱼睡眠不足时，它们需要 SBS 的"睡眠反弹"（sleep rebound），而并非 PWS。这与睡眠剥夺对哺乳动物影响的研究是一致的。对非快速眼动睡眠，哺乳动物也需要睡眠反弹，但对快速眼动睡眠却并非如此。鱼类的 PWS 和哺乳动物的 REM 睡眠之间的一个区别是前者没有 REMs（第 201 页）。然而，我们必须小心不要将 REM 的缺失等同于梦体验的缺失，因为梦体验的行为标记可能因物种而异。

[32] Leung et al. (2019), p.203。MCH 神经元是表达 MCH（黑色素浓缩激素，melanin-concentrating hormone）的脑室旁室管膜细胞（periventricular ependymal cells）。切除实验已经证实，当 MCH2 神经元受损时，斑马鱼表现出睡眠模式紊乱，包括夜间睡眠总量减少。"这些结果表明，MCH 信号在激活 PWS 标记以调节斑马鱼睡眠量方面起着重要作用。"（第 203 页）

[33] Solms (2021), p.26ff.

[34] 梁和他的团队声称，他们只是"以不可知论的方式"来研究这些特征［Leung et al. (2019), p.198］，也就是说，他们对参与其间的现象学不采取立场。他们声称对与 SBS 和 PSW 有关的基础性神经因素"采取不可知论立场"有助于我们理解现代双相睡眠周期的深层进化起源有帮助，这种双相睡眠是在"羊膜类辐射"（the radiation of amniotes）（哺乳动物、鸟类和爬行动物）之前进化出来的（第 203 页）。我认为，正是这种不可知论的奇谈怪论一直在阻碍着发表和动物梦理论有关的意见。与前面讲过的戴夫和马戈利亚什的情况一样，这一立场阻止了梁的团队认识到他们的发现对睡眠期间动物精神活动问题的可能影响。

[35] 录像见 www.youtube.com/watch?v=wI8Xg J3JebE。
[36] 参阅引言注释 15。
[37] Preston (2019), p.1.
[38] 还有另外两个事实也与此相关。其中之一是，海蒂并不是唯一一只在睡眠中显示色素细胞变化时被拍摄下来的章鱼（Starr, 2019）。另一个事实是，章鱼并不是唯一一种能进行同步控制和在一段时间内连贯显示的物种。鸭嘴兽也一样。西格尔等［Siegel et al. (1999), p.392］指出，鸭嘴兽进入快速眼动睡眠时，通常会做出与吃淡水甲壳动物时相同的咀嚼运动，淡水甲壳动物是它们最喜欢的食物之一。
[39] 参阅 Chase and Morales (1990)。
[40] 我在这里借用了德里达（Derrida, 2002）对有意识反应（response）和无意识反应（reaction）所做的区分，他以此来区有意为之的动作（仅与有机体的兴趣、目标和愿望相关的动作）和无意识做出的反应（机械行为，如反射动作，这些行为无须用到现象学或心理学概念就可以解释清楚）。
[41] 某些睡眠行为，如 REMs，被广泛但还没有公认为是梦现象学的行为指标。这一观点的批评者之一是布隆伯格（Blumberg, 2010），他的"个体发生假说"（ontogenetic hypothesis）认为 REMs 没有什么特别之处，因为即使在"断脑"（transected）动物（大脑皮层和脑干已断开连接的动物）中也可能会发生。
[42] Frank et al. (2012), p.5. 戈弗雷·史密斯写道："乌贼似乎也有某种快速眼动（REM）睡眠，就像我们做梦时的睡眠一样。"［Smith (2017), p.73］
[43] Frank et al. (2012), p.2.
[44] 这与邓雷、乌勒斯和费伦（Duntley, Uhles, Feren, 2002）以及邓雷（Duntley, 2003、2004）的类似发现相呼应。
[45] Frank et al. (2012), p.2.
[46] 路易和威尔逊明确表示，在快速眼动睡眠中出现与 RUN 相同的神经模式不可能事出偶然［Louie and Wilson (2001) p.147］。
[47] Frank et al. (2012), p.5.
[48] Frank et al. (2012), p.5.
[49] 有关人的情况请参阅 MacWilliam（1923）, Aserzinsky and Kleitman（1953）, Snyder et al.（1964）, Nowlin et al.（1965）, and Somers et al.（1993）。关于猫的情况请参阅 Baccelli（1969）, Baust and Bohnert（1969）, Baust,

Holzbach, and Zechlin（1972），和 Rowe et al.（1999）。关于狗的情况请参阅 Kirby and Verrier (1989) and Dickerson et al. (1993)。关于大鼠的情况请参阅 Sei and Morita (1996)。

[50] Lacrampe (2002).
[51] Leung et al. (2019).
[52] Rowe et al. (1999), p.845.
[53] 科纳（Corner，2013）认为，乌贼在快速眼动睡眠中的表现与它们醒着时的表现类似。
[54] Frank et al. (2012), p.5.
[55] Frank et al. (2012), p.5. 他们发现幼年乌贼不会出现并没有快速眼动睡眠。只有成年乌贼才有。他们将这一发现归因于"神经成熟的差异"（第6页）。
[56] 这项研究《圈养黑猩猩（Pan troglodytes）在夜间的全部活动》[Comprehensive Nighttime Activity Budgets of Captive Chimpanzees (Pan troglodytes)]，是穆科比在中央华盛顿大学（Central Washington University）的硕士论文。
[57] Mukobi (1995), p.59.
[58] 当然，某些手的抽搐并不是ASL的标志，但穆科比提醒我们，当人类在说梦话时，他们经常喃喃自语，说出令人难以理解的话。"因此，不应期望睡眠中出现的信号会与醒着时发出的信号一样精确。"[Mukobi (1995), p.58]
[59] Mukobi (1995), p.47-48.
[60] 当我第一次读到瓦肖在睡眠中所做的咖啡标志时，我很奇怪为什么一头黑猩猩居然会知道咖啡是什么。原来在"黑猩猩和人类交流研究所"里的黑猩猩偶尔喝过咖啡。为了喝到它，它们不得不提出要求。"我们在厨房里有一个咖啡机，厨房和一些居住在室内的黑猩猩的房间之间有大窗户，所以它们会看到我们做饭、倒咖啡、聊天，以及我们在厨房做的任何其他事情。如果它们想额外要东西，它们就要让我们知道，这也包括偶尔喝一次咖啡。它们并非每天都喝，而是偶尔会喝。它们表示想喝时，有人就会给它们做一杯让它们喝一小口（当然是等凉了之后）。"（穆科比，私人电子邮件）。艾伦和比阿特丽克丝·加德纳在穆科比的研究中轮流抚养了几只黑猩猩，并从小就教黑猩猩这一概念。见 Van Cantfort, Gardner, & Gardner（1989）。
[61] Mukobi (1995), p.59.
[62] Mukobi，私人电子邮件。

[63] 她引用了卡拉根（Karacan）、萨利斯（Salis）和威廉姆斯（Williams）在 1973 年对人类梦话的研究，该研究"得出结论，说梦话可能是做梦的另一个迹象"[Mukobi (1995), p.7]。

[64] Mukobi (1995), p.59.

[65] Mukobi (1995), p.56. 我在第 2 章中还要更多地讨论动物做噩梦的问题。

[66] 里德利（Ridley）认为，我们的梦比动物的梦更"生动"[Ridley (2003), p.16]，而哈特曼则说，动物的梦和我们的梦比起来，"没有那样复杂，也没有那么多的隐喻。"[Hartmann (2001), p.211]

[67] Jouvet (2000), p.2.

[68] 茹韦称之为异相睡眠，因为快速眼动睡眠期间 PGO 回路发出的快速皮层 EEG 活动与醒着时基本相同，但处于这一睡眠阶段的人并不表现出是醒着的样子。除了有快速眼动之外，他们大多是不动的。茹韦坚持认为，电生理学（Jouvet, 1962）、个体发育学[Valatx、Jouvet and Jouvet (1964)]和系统发育学（Klein, 1963）方面的证据都支持了异相睡眠和非异相睡眠之间的差异。见 Jouvet (1965b)。

[69] 转引自 Haselswerdt (2019), p.3。

[70] Jouvet (2000), p.43.

[71] 在选择猫做实验动物时，茹韦遵循了德国科学家理查德·克劳（Richard Klaue）的传统，后者在 20 世纪 30 年代对猫的研究导致他将快速眼动睡眠确定为睡眠的一个独特阶段。

[72] 茹韦（Jouvet, 1965a）强调，尽管猫站了起来并到处走动，但它们还是睡着的。这一点可以从以下事实中得到证明："瞬膜（nictitating membranes）松弛，甚至可能都挡住了瞳孔。"人们可以在以下网站观看这些猫的原始视频记录：https://www.youtube.com/watch?v=Js50Orx94iM。

[73] 茹韦写道："因此，假设猫在其异相睡眠过程中梦到其本物种特有的行为（卧着等待、攻击、愤怒、打架、逃跑、追逐），这是相当可信的。"[Jouvet (2000), p.92]

[74] Brereton (2000), p.393.

[75] Pagel and Kirshtein (2017), p.37.

[76] 不可靠睡眠行为的一个例子是"肌阵挛性抽搐"（myoclonic twitching），它是指在婴儿和胚胎睡眠期间观察到的痉挛行为。然而，这个术语有时使用得相当广泛，以至于它包括在深度睡眠中自然发生的翻来覆去，以及梦游者的游荡，梦游通常发生在非快速眼动睡眠中，并很少同时做梦。

［77］按照曼格和西格尔的说法，单孔类动物不太可能做梦，因为在睡眠期间脑干和皮层之间没有交流。鲸类也是如此，但原因不同。鲸类动物不太可能做梦，因为当鲸类动物睡觉时，它们有半个脑是醒着的，这种单侧睡眠可能与做梦不兼容，特别是当醒着的大脑半球积极参与外部世界交流时。最后，鳍足类动物与鲸类动物相似，不过它们在一年中的不同时间点在双侧和单侧睡眠之间切换。非洲象、阿拉伯大羚羊、岩羚和海牛处于边缘情况，因为它们的睡眠周期与大多数其他哺乳动物的睡眠周期非常不同，我们根本不知道 REM 和非 REM 睡眠之间的差异对它们是否也适用。虽然我觉得曼格和西格尔对这个问题的处理方法很有趣，但我相信，即使是它们的一些例外也可能并非例外。例如，在第 2 章中，我讨论了年幼非洲象的噩梦。

［78］Manger and Jerome (2020), p.4. 问题是海豚是单侧睡眠者，一些专家认为梦与单侧睡眠本身不兼容。这是曼（Mann, 2018）和茹韦［Jouvet (2000), p.20-21］的观点。然而，正如弗兰克所观察到的，并非所有人都同意这一结论，因为说鲸类动物不能进入快速眼动睡眠期这一点尚难断定［Frank (1999), p.28］。塞佩林（Zepelin, 1994）引用了几项研究表明，鲸类在休息期间进入快速眼动睡眠，并表现出快速眼动、阶段性的运动活动，甚至阴茎勃起（这在人类男性快速眼动睡觉期间非常常见）。同样，舒莱等（Shurley, 1969）报告了巨头鲸的 REMs 和运动无力症，巨头鲸的大小在海豚类物种中位居第二。

［79］Burgin et al. (2018).

［80］Jouvet (2000), p.123.

［81］Jouvet (2000), p.123.

［82］Siegel et al. (1998).

［83］Nicol et al. (2000).

［84］Edgar, Dement, and Fuller (1993).

［85］Lyamin et al. (2002).

［86］Dave and Margoliash (2000).

［87］Lesku et al. (2011).

［88］Stahel, Megirian, & Nicol (1984).

［89］Berger & Walker (1972); Dewasmes et al. (1985).

［90］Van Twyver & Allison (1972); Walker & Berger (1972); Graf, Heller & Rautenberg (1981); Graf, Heller & Sakaguchi (1983).

［91］ Lacrampe (2002), p.67.
［92］ Lacrampe (2002), p.67.
［93］ Underwood (2016).
［94］ Frank (1999), p.24.
［95］ Frank (1999), p.24.
［96］ Frank (1999), p.24.
［97］ 茹韦声称"还没有人能够清楚地记录到鱼类、两栖动物或爬行动物（也许鳄鱼除外）有类似于异相睡眠的状态"［Jouvet (2000), p.55］。
［98］ Lacrampe (2002), p.51.
［99］ Duntley, Uhles & Feren (2002), Duntley (2003), Duntley (2004), Frank et al. (2012).
［100］ Godfrey-Smith (2017), p.1.
［101］ 茹韦明确地把鱼类、两栖动物和爬行动物排除在外，他认为"还没有人能够清楚地记录到鱼类、两栖动物或爬行动物（也许鳄鱼除外）有类似于异相睡眠的状态"［(2000), p.55］。
［102］ 查阅 Karmanova and Lazarev（1979）和 Karmanova（1982）。
［103］ 科纳和范德托格（van der Togt）认为，主动睡眠是"在鸟类和哺乳动物谱系分化之前，在其祖先爬行动物中进化出来的"［Corner and van der Togt (2012), p.27］，但对乌贼的研究表明，主动睡眠可能是平行进化的一个例子。
［104］ Freiberg (2020). 茹韦赞同这一观点，他写道："在细菌、牡蛎或蚊子身上很难识别梦。"［Jouvet (2000), p.55］
［105］ 哈特曼承认动物做梦，并指出他们的梦可能涉及"不同于我们的混合感觉模态"［Hartmann (2001), p.211］。
［106］ 对视觉障碍人士梦的研究支持这一原则。参见 Hartmann（2001），p.211ff。
［107］ Uexküll (2013).
［108］ Wittgenstein (1958), p.223.
［109］ 我从帕格尔（Pagel）和基尔斯泰因（Kirshtein）那里借用了这一参考，他们写道："动物所经历的梦很可能与维特根斯坦的狮子的思想非常相似（……）它们可能与人类所经历的梦境完全不同。"［(2017), p.40］
［110］ Romanes (1883), p.149.
［111］ Bachelard (1963), p.20.

第 2 章

［1］ Steiner (1983), p.6.

［2］ 安德鲁斯（Andrews, 2014）将当代有关动物意识的论点分为四组：(1) 表征主义论点（representationalist arguments）观察动物是否具有表征性的内心状态；(2) NCC（意识的神经相关集合）论点限于研究人类和非人动物中枢神经系统结构和功能中的相似性；(3) 自我意识论点，该论点提供了动物自我认知和内心监控的证据；(4) 非推理主义论点（non-inferentialist arguments）否认我们需要理由来推断动物是有意识的，因为我们在与动物的互动中立即将动物视为是有意识的。在安德鲁斯的分类中不包括进化理论，如马拉特和范伯格（Mallat and Feinberg, 2016）的理论，这一理论认为"原始意识"是在寒武纪暴发期间涌现出来的。值得注意的是，这些方法都没有给动物在睡觉时心智在做什么的问题带来多大影响。

［3］ 我将做梦定义为意识的充分条件，但不是必要条件，因为有些人有意识但不做梦。

［4］ Rock (2004), p.186. 一些研究人员颠倒了这种因果关系。布里尔顿（Brereton, 2000）将做梦解释为一种预适应，为人类意识的涌现奠定了基础。

［5］ Searle (1998), p.1936.

［6］ Churchland (1995), p.214. 这一观点被纳入了当代神经科学的消解主义者（eliminativist）计划的蓝图中。消解主义者信奉阿尔瓦·诺埃所称的"基础论"（the foundation argument）[Alva Noë (2009), p.173]，基础论认为我们拥有有意识觉知唯一需要的就是一个有功能的脑。在这种观点之下，有功能的脑就是"理性的引擎""灵魂的所在地"（Churchland, 1995）。为了支持这一观点，消解主义者以做梦为例。他们说，当我们做梦时，我们是有意识的，尽管睡眠的神经化学使身体无法活动，并切断了我们与外界的感觉联系。在这种状态下，我们只需要一个有功能的脑就能维持意识觉知。我反对这一论点，我将其归为"神经虚无主义"（neuro-nihilism）的结果（Thompson, 2015）。对认知的 4E 理论 [具身（embodied）、嵌入（embedded）、扩展（extended）、实施（enactive）] 的研究告诉我们，意识体验需要三个要素：脑、身体和世界。缺了这些元素中的任何一个，意识觉知就无法显现。然而，在这里关键的一点是，无论是消解主义者（Churchland, 1995）还是反消解主义者们（Noë,

2009）都认为做梦是意识的充分条件。
[7] 德国现象学家艾德蒙特·胡塞尔（Edmund Husserl）持有这种观点[Kockelmans (1994), p.167]，以后马尔科姆又使这种观点广为人知（Malcolm, 1956、1959）。
[8] Thompson (2015), p.14.
[9] Thompson (2015), p.16.
[10] Windt and Metzinger (2007), p.194.
[11] 当然，梦境并非认识论意义下的"此时此地"，这种此时此地对应于外部世界中与心智无关而展开的事件状态。梦境是一种在现象学意义下的"此时此地"，在我的体验中就像是真的一样。就我的目的而言，我只是要强调梦境并不是真的"此时此地"（the "here and now"），而是某种"此时此地"（a "here and now"）。
[12] Windt and Metzinger (2007), p.194.
[13] Windt and Metzinger (2007), p.195.
[14] Miller (1962), p.40.
[15] Dehaene (2014), p.23.
[16] 在20世纪和21世纪，意识的许多分类法在有广泛代表性的学科领域中声名狼藉。其中有些是相对较新的，而另一些则是从早先的历史时期中"复活过来"的，并再次又具有相关性。请看一下下面这些例子：精神分析的创始人西格蒙德·弗洛伊德将内心状态分为"有意识"（conscious）、"前意识"（preconscious）和"无意识"（unconscious）；德国哲学家埃德蒙·胡塞尔区分了"设定的（thetic）"和"前设定的"（pre-thetic）意识模式*；美国哲学家奈德·布洛克区分了"进入"（access）和"感知"意识；出生于葡萄牙的神经科学家安东尼奥·达马西奥在二元结构和三元结构之间摇摆不定［他有时将意识分为"核心"（core）意识和"自传体"（autobiographical）意识，有时又把意识分为"原型自我"（proto-self）、"核心自我"（nuclear self）和"自传体自我"（autobiographical self）］；物理学家约翰·泰勒（John Taylor）在物理学和神经科学的交叉

---

* 经请教作者，"对于胡塞尔来说，'设定'意识是一种显性的意识。例如，我现在意识到电脑屏幕。这是我关注的对象。但我们也有另一种不那么明显的意识。例如，当我看看电脑时，我注意的是电脑，但同时我会'前设定地'觉知到自己身体在椅子上的位置，尽管我并没有明显地去想这一点。所谓的设定和前设定的区分其实就是显性（explicit）和隐性（implicit）的区别。"——译者注

领域工作，他将意识分为"被动""主动""自我觉知"和"情绪"4种类型；语言学家理查德·施密特（Richard Schmidt）则把意识分为"觉知""意图"和"知识"；精神病学家阿瑟·戴克曼（Arthur Deikman）则提出"思维""感受""功能能力"（functional capacity）和"观察中心"（the observing center）。当然，以上所枚举的并非无所不包，因为有关是什么造成了有意识的生活还有别的很多话可讲。值得一提的是，这些分类法所用的术语之间几乎没有什么一致之处。有些人对似乎相似的意识层次（如"感受"和"情绪"）使用不同的术语，而另一些人对相当不同的层次使用同样的术语。例如，扎哈维（Zahavi, 2014）提醒我们，"自我"一词有1 001种可能的含义。

[17] 请注意，我的意识模型并不像汤普森（Thompson, 2015）那样刻画许多不同的意识状态。汤普森刻画了意识可能采取的许多不同形式。这意味着动物无论在醒着时或在做梦时都可以有一种、两种或三种形式。我在这里重点讨论这些意识觉知形式如何在梦状态中保持不变，而撇开其他意识状态（如觉醒状态、无梦睡眠或汤普森所谓的"纯觉知"）的问题不谈。

[18] Zahavi (2014), p.14.

[19] Zahavi (2014), p.14.

[20] DeGrazia (2009), p.201.

[21] 有些动物认知方面的专家，如卡拉瑟斯（Carruthers, 2008）断言动物不可能有主观意识，因为它们无法元认知地进入到自己的内心状态。然而我将元认知功能排除出我对主观意识的定义之外，因为我相信一个有机体在没有元认知进入其自身内心状态的情况下也有可能有自我觉知。有些人指出了动物可以反映自己的内心状态（Andrews, 2014），与此同时其他人指出了表明动物也有主观觉知的其他能力的证据，特别是自我认知、共情和欺骗（Gallup, 1977; Bekoff, 2003; de Waal, 2016)。

[22] 梦是连贯的时空流形（manifolds），对这一观点的支持首先来自发现当顶叶损伤时就完全不能再做梦，顶叶是负责产生内心意象和空间表征的脑区。借用威廉·詹姆斯的名言，神经科学家将这一点解释为是说梦并非某种"极度闹哄哄的一片混乱"。相反，梦是"一个不断展开的时空连续谱的体验，我们在其中移动、感受、行动，而以自我作为体验的中心"[Bogzaran and Deslauriers (2012), p.47]。

[23] 有关全景视觉的概念见[Brereton (2000), p.393]。

[24] Windt (2010), p.304（加以强调）。

[25] Windt (2010), p.297. 博扎兰和德斯劳里尔也捍卫这一立场（Bogzaran and Deslauriers, 2012, p.79）。

[26] Thompson (2015), p.123.

[27] Thompson (2015), p.124.

[28] Thompson (2015), p.127. 虽然我在现象学的基础上为梦的自我中心解释进行辩护，但这种解释也得到了实证数据的支持。神经功能主义理论［如利纳斯和保雷（Llinás and Paré, 1999）］将觉醒和做梦追溯到相同的神经机制。同时，进化理论［如雷文索（Revonsuo, 2000）］认为觉醒和做梦在进化功能的层面上是相似的。

[29] 温特（Windt, 2010、2015）认为梦中的自我不仅在感知上是具身的，而且在功能上也是具身的，因为梦的内容会受到做梦者在睡眠期间的身体状况的影响。由于身体所受到的特定感觉输入可以产生确定的梦输出，做梦"以有趣和系统的方式与睡着的身体保持联系"（Windt, 2015, p.xxiii）。

[30] Sartre (2004), p.166.

[31] 对于萨特来说，"所有有关注意的现象都有其运动基础。"（Sartre, 2004, p.43）所有注意都是具身的，其意思就是它依赖于感觉运动的知识之上。因为梦是意识注意的特殊情况，有其运动基础，因此可以设想梦拥有某种身体图式。萨特并不否认身体图式在梦中是可塑的。在梦中，我可以很容易地有两个头、一只独眼，或者一千根触须，但不可能完全没有身体图式。

[32] Revonsuo (2005), p.207.

[33] Brereton (2000), p.385.

[34] 萨特（Sartre, 2004）借用了德裔美国心理学家柯尔特·莱温（Kurt Lewin）的这一概念。这一概念在萨特1943年的《存在与虚无》（*Being and Nothingness*）一书中对"生活空间"（lived space）的讨论中发挥了关键作用。

[35] 温特（Windt, 2010）提出了这一主张。类似地，汤普森（Thompson, 2015）认为，即使是儿童的梦和我们在刚入睡时（hypnagogic sleep）经历的像梦那样的过程，经常被视为无自我梦的例子，其实也是围绕自我组织的，并以自我为基础。儿童的梦是以自我为中心安排的，即使儿童没有能力关注和报告他们的主观组织（subjective organization）（第131ff页）。类似地，即使刚入睡意象具有"不那么清楚的自我边界"，

它们也"很难摆脱'主体我-受体我-拥有者我'的身份识别和拥有功能"(identifying and appropriating functions)(第 126 页)。萨特(Sartre, 2004)不同意最后这一点,因为他认为刚入睡意象是"没有我的梦"(第 166 页)。

[36] Godfrey-Smith (2016), p.12.

[37] Crick and Mitchison (1983).

[38] 在《梦的解析》第二章中,弗洛伊德承认对梦的解释具有悠久的文化和哲学历史,但认为早期的方法,如圣经里约瑟夫(Biblical Joseph)的"符号法"(symbolic method)或公元二世纪阿尔特米多罗斯(Artemidoros)的"密码法"(cypher method)是不科学和不符合心理学的。它们都有同样的局限性:它们完全没有价值。他们正确地假设梦是有意义的,但他们误解了梦的意义。符号法假设它们的意义在于它们预测未来的能力(如约瑟夫),而密码法则假设它们的含义可以"根据既定的密钥"轻松解密,解释者可以用同样的方式机械地把密钥应用于所有梦。

[39] Conn (1974), p.711. 关于精神分析在第二次世界大战后的衰落,详见 Hale (1995)。

[40] vmPFC 的损伤会导致不能做梦[Rock (2004), p.46, 104]。

[41] Solms (2021), p.27.

[42] Brereton (2000), p.391. 与做梦有关的边缘结构包括梭状回(面部识别)、丘脑(身体意象)、小脑*蚓部(空间和身体运动)和右顶叶盖(空间位置)。贝尔德、莫塔-罗林和德雷斯勒(Baird, Mota-Rolim, and Dresler, 2019)的神经成像研究表明,在快速眼动睡眠期间,这些结构的脑血流量增加。

[43] Rock (2004), p.122.

[44] Bogzaran and Deslauriers (2012), p.48.

[45] Bogzaran and Deslauriers (2012), p.63. 做梦和情绪之间的联系非常紧密,按照哈特曼的说法,梦具有"准治疗功能",因为梦提供了处理创伤的内心框架[(1995), p.180]。这一观点最近由马克·索姆斯(Mark Solms)在其著作《隐藏的源泉:意识之源之旅》(*The Hidden Spring: A Journey to The Source of Consciousness*)中做了进一步的发展,他在书中系统地

---

* 原书中误把 cerebellar 误印成了 cerebral,经和作者沟通后做了更正。——译者注

提出了一个植根于情绪、感受和情感的意识理论。

[46] Damasio (1999), p.100.

[47] 探索有诱饵的迷宫臂相关的神经模式与（a）被放到迷宫去之前的睡眠期间显示出来的神经模式或（b）与实际探索无诱饵迷宫臂有关的神经模式之间都没有这种对应关系。

[48] 奥拉夫斯道蒂和她的合著者写道："所有这些发现合在一起表明，当环境变得和动机相关的那一刻，［大鼠］对未来体验的有倾向性的预激活就被实例化（instantiated）了。"［Ólafsdóttir et al. (2015), p.10］

[49] 许多关于海马回放的研究将预放（pre-play）与非 REM 睡眠联系起来。就其本身而言，这不会自动得出预放与做梦不相容的结论，因为在非 REM 睡眠期间也会做梦，尽管这种情况没那么频繁。此外，奥拉夫斯道蒂、布什和巴里（Ólafsdóttir, Bush, and Barry, 2018）随后的一项研究证实，在 REM 睡眠期间也会发生相关的棘波（spikes）。他们援引路易和威尔逊的工作（Louie and Wilson, 2001）指出，在快速眼动睡眠期间，这些棘波"以近乎正常的速度进行"（第 38 页），这与醒着时记录到的棘波事件相当。当它们发生在非快速眼动睡眠时，其速度大约要快 20 倍。关于 REM 睡眠、情绪和记忆之间联系的进一步证据来自博伊斯等人（Boyce et al., 2016）对 θ 节律的研究。当大鼠处于快速眼动睡眠时，θ 节律受到抑制，它们更难于在睡眠时巩固对之前事件的记忆，包括对实物和不愉快经历的记忆（第 815 页）。在此背景下，我们还必须记得卡尔森和弗兰克（Karlsson and Frank, 2009）的发现，即大鼠海马回放的模式"在时间尺度上与实际经历时见到的相似"（第 7 页）。这一主张受到了格尔巴德-萨吉夫等人（Gelbard-Sagiv et al., 2008）和帕什佳尔科娃等人（Pastalkova et al., 2008）的支持，在克尼里姆［Knierim (2009), p.422］一书中也顺便提到了这一主张。

[50] Voltaire (1824), p.118.

[51] 贝恩特森和雅各布森［Berntsen and Jacobsen (2008), p.1093］，强调性地做了补充。奥拉夫斯道蒂、布什和巴里（Ólafsdóttir, Bush, and Barry, 2018）明确指出，大鼠在预放时"计划即将到来的行动"（第 R43 页）。在第 3 章中，我将介绍更多有关想象的内容。

[52] Freud (1938), p.215.

[53] Freud (1938), p.215.

[54] 研究人员利用了下列事实：大鼠是一种有高度共情的动物，正如埃尔南

德斯-拉勒芒等（Hernandez-Lallement et al., 2020）所指出的那样，当它们看到其他大鼠痛苦时，它们也会深感痛苦。

［55］ Yu et al. (2015), p.11.

［56］ Yu et al. (2015), p.9. 在第 1 章中，我们看到许多动物睡眠专家经常回避他们发现的现象学方面。在本例中也会发生同样的情况。作者写道，"我们不能明确地说，老鼠在被惊醒之前确实体验到创伤性记忆"［(2015), p.10］。这是一个特别令人费解的说法，因为在他们文章的标题中就用了"噩梦"一词。

［57］ Van der Kolk (2015), p.84.

［58］ Yu et al. (2015), p.9. 作者们在第二年（2016 年）的一项后续研究中重复了他们的发现，这次他们研究了惊醒的神经化学。后续研究的一个关键发现是，受到心理创伤的大鼠从睡眠中惊醒时，它们的食欲素（orexin）水平较低，食欲素是一种帮助生物体从睡眠中自然醒来的神经肽。大鼠从惊恐中醒来，尽管此时其食欲素水平较低，这表明它们的觉醒与没有受到创伤的正常觉醒过程截然不同（Yu et al., 2016）。这是一种心理上的觉醒，而不是生理上的觉醒。它们饱受创伤的心灵硬把身体从睡眠中拉了出来。

［59］ 大鼠从受到心理创伤起的 21 天内都表现出木僵行为和惊醒。我们现在只能猜测这些行为会持续多久，因为按照实验计划要将大鼠杀死，从而可以分离和分析它们的脑。

［60］ Berardi et al. (2014), p.8.

［61］ Campbell and Germain (2016); Vanderheyden et al. (2015, p.2343-2345).

［62］ Kirmayer (2009), p.5.

［63］ Bradshaw (2009); Balcombe (2010, p.59); Cavalieri (2012, p.130).

［64］ Peña-Guzmán (2018), p.16.

［65］ Masson (2009), p.45. 有关这个保育院的介绍，请参阅 Siebert（2011）。

［66］ King (2011), p.77.

［67］ Bradshaw (2009), p.139.

［68］ Kingdom (2017). 关于大象噩梦的报道突出了假阴性的危险性。在曼格和西格尔对哺乳动物做梦的研究中（这在第 1 章中讨论过了），他们（Manger and Siegel, 2020）认为大象由于其特殊的睡眠周期而不是做梦的好对象。这是一个例子说明当我们在思考动物梦时，如果将人类睡眠作为默认参考点，如何可能会误入歧途。

[69] Morin (2015); Bender (2016).
[70] 迈克尔打手势的令人印象深刻的录像可以在下列网址看到：www.youtube.com/watch?v=DXKsPqQ0Ycc。
[71] Kelly (2018).
[72] Botero (2020), p.4.
[73] Botero (2020), p.4.
[74] 与母亲分离会导致生理失调、对精神压力敏感的脑区异常扩大、惊吓的行为、自残、焦虑、杂乱无章的依恋风格、病理性情绪发展，当然还有令人惊恐的噩梦。切尔努斯（Chernus）研究了受过创伤的黑猩猩，特别是那些早年被迫与母亲分离的黑猩猩的精神分裂。她的分析包括五只黑猩猩［罗米（Romie）、瓦蒂（Waty）、萨拉（Sara）、尼科（Nico）和潘科（Panco）］的个体历史，它们没有母亲，被卖去圈养，受到虐待，最终被西班牙北部的莫纳保护区（MONA sanctuary）救了下来。与母亲分离的影响因个体而异，产生影响的因素可能包括"先天性性格差异，黑猩猩与母亲分离时的年龄，受到虐待和忽视的持续时间、性质和严重程度，以及看护者将其逐渐引入到它们的同类和新环境时的体贴程度"［Chernus (2008), p.458］。
[75] Dudai (2004).
[76] 引自 Hacking（2001），p.252-253。
[77] 亚里士多德在公元前4世纪的《梦论》(On Dreams)中描述过清醒梦，但直到19世纪，人们才开始将其作为一种精神现象来看待，这主要归功于两位法国作家赫尔维·德·圣丹尼斯（Hervey de Saint-Denys, 1817—1892）和阿尔弗雷德·莫里（Alfred Maury, 1817—1892）的著作。"清醒梦"一词是由荷兰精神病医生弗雷德里克·范·艾登（Frederik van Eeden）在20世纪初创造的。他用它来指那些罕见的梦境体验，其最突出的特点是不会损害我们的元认知。在仔细记录和分析了500个自己的梦后，艾登发现其中有很大一部分——确切地说，500个梦中有352个是"特殊类型的"。他说，在这些梦中，"我对我的日常生活记得很清楚，尽管我睡得很熟，还是可以做随意行动。"在1913年发表在《心理研究学会会刊》(Proceedings of the Society for Psychical Research)上的一篇文章中，艾登认为这些梦与典型的梦有很大的不同，应该有自己的名称。但是在有一个问题上，他担心这些梦太与众不同了，以至于其他人可能会怀疑它们的存在，或者更糟糕的是，拒绝将它们视为梦。"如果

有人拒绝将这种心智状态称为梦,他也可以建议用其他的名称。就我而言,它就是这种形式的梦,我将其称之为'清醒梦',这种梦引起了我最强烈的兴趣,我也最仔细地记录了下来。"艾登的担忧是有充分根据的,因为它"难以置信"的性质,清醒梦几乎被排除出科学之外。直到20世纪70年代末和80年代初,科学态度才开始改变,这在很大程度上要归功于两本书的出版,这两本书将这一现象重新纳入科学论述的范畴:基思·赫恩的《清醒梦:电生理学和心理学研究》(*Lucid Dreams: An Electrophysiological and Psychological Study*)(Keith Hearne, 1978)和斯蒂芬·拉伯奇的《清醒梦》(*Lucid Dreaming*)(Stephen LaBerge, 1985)。这些书使科学家相信,清醒梦是一种真实的现象,可以在实验室环境中进行研究、控制和操纵。

[78] Windt and Voss (2018), p.388.

[79] Walsh and Vaughan (1992), p.196.

[80] Filevich et al. (2015), p.1082.

[81] Kahan (1994), p.251.

[82] Voss and Hobson (2014), p.16.

[83] 尽管沃斯和霍布森的观点缺乏细节,但它重复了许多心智哲学家关于语言和思想之间关系的论点,即语言允许我们形成抽象的心理概念(例如,树),这些概念超越了通过感官之门进入的具体细节(如这棵松树、这棵梧桐树、这株垂柳)。反过来,这些概念通过将特殊性包含在共性之下(例如"这里有一棵树"),赋予我们形成"X 是 Y"形式的心理判断的能力。在沃斯和霍布森看来,做梦者和做清醒梦者之间的唯一区别似乎就在于后者在梦中形成了一种特殊的内心判断:"我正在做梦。"

[84] 在温特和梅辛格看来(Windt and Metzinger, 2007),C-清醒性是有附加成分的 A-清醒性。因此,所有 C-清醒性的情况在逻辑上都包含 A-清醒性在内,但反之不然。

[85] 关于动物心中的概念问题,请查阅 Allen(1999)、Glock(1999、2000、2010)、Stephan(1999)、Newen and Bartels(2007)。关于动物的逻辑问题,请参看 Hurley and Nudds(2006)、Watanabe and Huber(2006)、Call(2006)、Allen(2006)、Erdőhegyi et al.(2007)、Schmitt and Fischer(2009)、Pepperberg(2013),以及 Felipe de Souza and Schmidt(2014)。有关动物的数学问题,请参阅 Boysen and Hallberg(2000)、Olthof and Roberts(2000)、West and Young(2002)、Kilian et al.(2003)、Harris,

Beran, and Washburn（2007）, Aust et al.（2008）, Matsuzawa（2009）, Rescorla（2009）, Uller and Lewis（2009）, Dadda et al.（2009）, Pepperberg（2012）, 和 Vonk and Beran（2012）。

［86］ Windt and Metzinger (2007), p.222.

［87］ 请想象一下，当我在公园里散步时，我看到远处有一个模糊的物体。一开始，我可能可以认出这是一个物体，但不能分辨出它是什么样的物体。我对它的体验是模糊和不精确的。是自行车还是人？是雕像还是饮水机？当我走近它时，我开始看出它的一些性质，并一路走去消除某些可能性。物体在移动，因此既不是雕像也不是饮水机。它有一张脸，因此它不是自行车。所以，我对自己说："这是一个人！"根据心智哲学家的观点，"这是一个人"这种思想是一种判断，因为它有命题结构，有一个主语（"这"）和一个谓语（"是"），这表明我在心理上通过连接词（"是"）将一个特殊的东西（我所看到的特定对象）包含在一个普遍的概念（"人"）之下。

［88］ 我知道谈论元认知的前认知形式（pre-cognitive form）似乎有点矛盾，但其想法其实只是存在有意识的某种觉知形式，在这种形式下主体能自返或监控自己的内心状态，而这种自返既缺乏语言形式也不需要高级的概念内容。

［89］ 要想了解这种清醒的前概念体验（pre-conceptual experience）是如何产生的，请回想清醒场（waking field）的结构属性之一是透明性。当我们醒着时，我们的知觉场是透明的，这句话的意思就是我们没有觉知到有一个场。这个场"自动隐蔽"了起来。然而，在清醒梦中，这个场失去了这种透明度。它突然"脱颖而出"，使其自身成了我们知觉的对象。当发生这种情况时，我们的知觉场就变得不透明了，这句话的意思就是我们不再视而不见，而开始看到了它。如果动物在梦中有了它们看到知觉场的感觉，而不是视而不见，它们的体验就是在做清醒梦。

［90］ Rowlands (2009), p.210.

［91］ 在这里，我重点介绍了温特和梅辛格的理论，但其他研究清醒性的专家将感受到清醒性的那一刻和随后做出的判断区分开来。拉伯奇和德格拉齐亚（LaBerge and DeGracia, 2000）解释说，清醒分为两个阶段。首先，我们经历了一个元认知领悟（metacognitive insight）的时刻，这是"对［我们自身］情况的直接体验和自我自返（self-reflection）"。然后，我们通过把自己的情况解释为一场清醒梦，把这种领悟转换成语

言。虽然这两个阶段在人的清醒梦中通常是同时出现的，但它们也可以分离开来。做梦者可以意识到他们的状态"不正常"，但并不将这种认识提高到高阶认识论或语言解释（hermeneutic）的操作中去。因此，动物缺乏语言或概念这一点不一定就成为它们体验清醒性的障碍。正如梅辛格所说，即使不借助将梦境经历"归类"为梦境的能力，人们还是可以"通过在梦状态下重新获得主体性和稳定的注意意向性关系感知模型（PMIR, phenomenal model of the intentionality relation）"体验到清醒性［Metzinger（2003），p.532］。

［92］ Smith and Washburn (2005); Kornell, Son, and Terrace (2007); Smith (2009); Call (2010); Smith, Couchman, and Beran (2012).

［93］ Thompson (2015), p.158. 汤普森把研究重点放在背外侧前额叶皮层，但贝尔德、莫塔-罗林和德雷斯勒最近的一项研究表明，做清醒梦依赖于多个脑结构之间的相互联系。然而，作者们指出，做清醒梦在神经层面上可能以多种方式实现，因为它可能由截然不同的神经回路实现［Baird, Mota-Rolim, and Dresler (2019), p.12］。这意味着我们不能假设没有与人类相同甚至相似脑结构的动物就不能做清醒梦。

［94］ Hobson and Voss (2010), p.164. 在霍布森和沃斯的分析中，没有考虑到温特和梅辛格（Windt and Metzinger, 2007）对 A-清醒性和 C-清醒性的区分，但他们将清醒性定义为"领悟到自己正在做梦"［Hobson and Voss (2010), p.155］，这正是温特和梅辛格定义 A-清醒性时的依据。根据埃德尔曼（Edelman, 2003、2005）对初级意识和次级意识的区分，他们提出做梦是初级意识的一种表达，其特点是有"简单觉知"（换句话说，就是有知觉体验和情绪体验）。相比之下，他们认为醒着时的体验是初级意识和次级意识的结合，也就是说，是简单觉知和"对觉知的觉知"（换句话说，也就是元认知）的混合。起初，霍布森和沃斯只将清醒性扩展到非人灵长类动物，但他们最终承认鸟类也可能是候选者。在另一份出版物中，沃斯再次提到灵长类动物，但没有提到鸟类［Voss (2010), p.52］。

［95］ Manger and Siegel (2020), p.2.
［96］ Pantani, Tagini, and Raffone (2018), p.176.
［97］ Foucault (1985), p.53.
［98］ Foucault (1985), p.45.
［99］ Foucault (1985), p.53.
［100］ Cyrulnik (2013), p.143.

[101] Sartre (2004), p.15.
[102] Lucretius (1910), p.170.

第3章

[1] Coleridge (2004), p.123.
[2] 托马斯的模型有三条轴线："存在-不存在（absence-presence）[说得更清楚一些，可以称之为刺激约束（stimulus constrainedness）]、意志（遵从随意控制），以及古老的休谟维度'活泼'（vivacity）或生动"[Tomas (2014), p.159]。因此，梦比知觉更接近第一根轴的"不存在"端，因为它不依赖外部刺激，并且比有意为之的想象行为更接近"意志"轴的下端，因为它不受理性控制（除非是清醒梦，在这种情况下将处于上端）。同样，做梦可能比记忆更生动，但不及知觉生动。
[3] Foucault (1985), p.40. 然而，并非所有人都同意梦是想象活动。"正统观点"（orthodox view）的支持者坚持认为梦是在睡眠中形成的信念。这一观点最著名的支持者是勒内·笛卡尔。这受到两种不同观点的挑战。"幻觉观点"认为，从现象学的角度来说，与信念相比，梦更接近于幻觉。梦比信念更富于形象的描述，它们使我们沉浸在信念所不具备的感知性现实中。反之，"想象观点"认为梦更接近于想象，而不是幻觉。在第2章中，我引用了詹妮弗·温特和埃文·汤普森的工作。前者坚持幻觉观；而后者则持想象观。想象观的其他追随者包括沃尔顿（Walton, 1990）、福克斯（Foulkes, 1999）、一川（Ichikawa, 2009）和索萨（Sosa, 2005）。虽然我更喜欢想象观，但我的立场是，梦、想象和幻觉都是想象这同一范畴的一部分。
[4] 在第1章中，我指出伊曼纽尔·康德认为只有人才有创造性想象的能力。从古至今，这是一种普遍趋势，几乎没有例外。即使是承认动物也有想象力的哲学家，通常也认为它们的想象力与我们的想象力比较起来非常贫乏（亚里士多德认为动物只有感性的想象力），或者把它们归入本能的大伞之下（奥古斯丁说，动物只是本能地想象）。关于哲学史上对动物的排斥，见 Simondon (2011)。
[5] Foucault (1985), p.33.
[6] Luce (1966), p.1.
[7] Shafton（1995）、Hartmann（2001）、Foulkes（1999）、Manger and Siegel（2020），以及其他人都引用了这一报告。

[8] Luce (1966), p.86.

[9] 即使沃恩的幻觉研究没有得出任何结果，随后的许多实验依然证实了其指导性假设是正确的。恒河猴醒着时会产生幻觉，尤其是在安非他明的影响下。请参阅 Siegel（1973）、Siegel, Brewster, and Jarvik（1974）、Siegel and Jarvik（1975）、Brower and Siegel（1977）、Ellison, Nielsen, and Lyon（1981）、Ridley et al.（1982）、Castner and Goldman-Rakic（1999、2003），以及 Visanji et al.（2006）。对大鼠、鸽子和猫的幻觉都有报道（Ellinwood, Sudilovsky, and Nelson, 1973）。关于这方面的文献综述请参阅 Robbins（2017）。

[10] Luce (1966), p.86.

[11] Luce (1966), p.85.

[12] Luce (1966), p.86.

[13] Lohmar (2007), p.58.

[14] 洛马尔并不否认某些灵长类动物（特别是人类）通过运用语言概念模式为这些视觉体验添加了语言的外表（linguistic coating），但这与认为动物由于没有语言就无法在内心表征世界的想法相去甚远。动物可以通过利用进化上先于语言的其他模态来表征世界和重演它们生活过的场景[Lohmar (2007), p.61]。此外，尽管他在建立其理论时心中想的是灵长类动物，但洛马尔承认，这一理论可能也适用于所有"大脑发达"的动物。当然，在研究其他动物时，我们可能需要考虑洛马尔最初列出的四种之外的其他表征模式（嗅觉、触觉、听觉等）。

[15] 孔岑多夫（Kunzendorf, 2016）认为，鉴于我们对灵长类动物想象力的实验所知，沃恩的发现不应让我们感到惊讶。

[16] Kunzendorf（2016），p.38-39.

[17] 利拉德（Lillard, 1994）认为假装涉及6个因素：有一个假装者（1），发现自己处于某个特定的现实中（2），然后用意图（3）和觉知（4）将一个内心表征（5）投射（6）到这个现实中。

[18] Lyn, Greenfield, and Savage-Rumbaugh (2006), p.208.

[19] Kunzendorf (2016), p.39.

[20] Matsuzawa (2011), p.133. 林恩、格林菲尔德和萨维奇·伦博报道了另一个有趣的行为。当他们要求黑猩猩潘巴尼沙给一个玩具木偶喂葡萄时，它用一只手把一碗葡萄放到木偶的嘴旁，并停在那里。然后，它用另一只手把木偶的头按进碗里，"就像让它吃一样"[Lyn, Greenfield, and

Savage-Rumbaugh (2006), p.208］。"移动木偶的头以表示假装'吃'的动作可能显示出看护者把最初的假装规定转变为喂养木偶的能力……。这种转变意味着对游戏的假装性质的理解。"(第208页)研究中的另一只黑猩猩潘巴齐(Panpanzee)为同一个木偶进行"梳理",并假装吃它从木偶身上"捉出来"来的虫子。戈麦斯和马丁-安德拉德(Gómez and Martín-Andrade, 2005)描述了许多其他类人猿假装游戏的例子。灵长类动物会假装的证据可追溯到20世纪初(Kinnaman, 1902)。关于猿类用物体做游戏的证据的综述,可参见 Ramsey and McGrew (2005)。

[21] 泛死亡学(Pan-thanatology)*的分支领域就是围绕着像这样的报告发展起来的,这些报告表明灵长类动物懂得死亡。我在一篇文章(Peña-Guzmán, 2017)中讨论了一些此类文献。

[22] Mitchell (2016), p.333-334.

[23] 在谈到格式塔心理学家沃尔夫冈·科勒(Wolfgang Köhler)在20世纪上半叶对黑猩猩进行的实验时,哲学家彼得·卡拉瑟斯认为,黑猩猩在没有一点点意识觉知的情况下,就得出了解决科勒分配给它们的空间问题的创新方案(Carruthers, 1996)。米切尔(Mitchell, 2016)委婉地称卡鲁瑟斯的论点"令人不解"。

[24] 对米切尔的一生来说,一位关键人物是德国哲学家和进化理论家卡尔·格罗斯(Karl Groos),格罗斯将进化原理应用于动物游戏。在《动物的游戏》(*The Play of Animals*)(1898)一书中,格罗斯解释说,嬉戏行为是对成年行为的无意模仿,有助于幼小动物为未来做好准备。但是,正如米切尔指出的,并不是所有玩游戏的动物都是年幼的。意识到了这个问题,格罗斯声称,成年动物的嬉戏行为必须理解为是故意假装,因为成年动物不再需要练习与生存有关的行为,因为它们作为成年动物的身份本身就意味着它们早已掌握了这些行为。格罗斯注意到了最近很少有动物假装专家谈论的一个现象,这就是在真实和想象之间来回穿梭的"令人愉快的性质"。在注意到这种性质的同时,格罗斯追随达尔文的思路。比他早了几十年,达尔文在《人类的起源》一书中写道,动物有时以假装来观看其猎物的挣扎取乐(动物幸灾乐祸)。与格罗斯的动物游戏理论背道而驰,C·劳埃德·摩根后来发表了他的著名原则,这迫使科

---

* 死亡学(thanatology)是研究与死亡有关的现象与医疗实际的学科。——译者注

学家们放弃谈论动物的精神活动。

[25] 泰勒和萨伊曼（Tayler and Saayman, 1973）首次报道了海豚的这种行为，它并非只是机械地重复。根据昆岑多夫的说法，这涉及"带有转换性质的视觉想象"[Kunzendorf (2016), p.39]。

[26] 哲学家肯达尔·沃尔顿（Kendall Walton）将梦定义为假装的一个子范畴，即"假装游戏"（Walton, 1990）。在《动物的心智进化》（*Mental Evolution in Animals*）一书中，罗马尼斯还将做梦和假装作为想象的类似实例。

[27] Bekoff and Jamieson (1991), p.20.

[28] O'Neill, Senior, Csicsvari (2006) 和 O'Neill et al. (2008) 证实了这一点。

[29] Foster and Wilson (2006), p.680.

[30] Davidson, Kloosterman, and Wilson (2009), p.504.

[31] Karlsson and Frank（2009）, p.2 (my italics).

[32] 卡尔松和弗兰克写道："觉醒时回放（awake replay）的记忆内容可以和位置完全没有什么关系"[Karlsson and Frank (2009), p.7]。

[33] Gupta et al. (2010), p.695–696.

[34] Gupta et al. (2010), p.702.

[35] Derdikman and Moser (2010), p.584.

[36] Davidson, Kloosterman, and Wilson (2009), p.503.

[37] Knierim (2009), p.422; Davidson, Kloosterman, and Wilson (2009). 他们对远程回放的看法是一样的，声称它"与动物的当前位置无关"（第 502 页）。

[38] Knierim (2009), p.422.

[39] 在这些关键时刻，大鼠暂停主动与世界打交道，并在采取下一步行动之前，通过"间接"重建在他们前面所有可能的路径来有意识地规划它们的行程。约翰逊和雷迪什（Johnson and Redish, 2007）指出，他们在这些"代价高昂的选择点"所观察到的神经扫描（neural sweeps）发生在动物的出发地而不是目的地，这表明动物是在计划未来的行动，而不是回忆过去的行为。他们写道："动物是预先而非事后重建，这表明这些信息是与未来路径的表征有关，而不是与当下历史的回放有关。"（第 12 183 页）他们还注意到，这些扫描伴随有头部快速的横向移动，就好像当动物在思考这些不同的选项时会一再对其进行观察。这些扫描为动物提供了关于未来可能选项的关键信息，为他们"提供了对其行动后果的预测，从而可以对能否实现目标进行评估，并做出决定"（第 12 184 页）。

[40] Knierim (2009), p.421. 卡尔松和弗兰克表示，他们的发现呈现的时间尺度太短，无法与日常生活体验（lived experience）的时间尺度相匹配，但请注意其他一些人在海马中发现了与醒着时生活的时间尺度相匹配的回放事件［Karlsson and Frank (2009), p.7］。除了大鼠，威利特（Willett, 2014）描述了灵长类动物学家芭芭拉·斯马茨（Barbara Smuts）观察到的类似现象。斯马茨在坦桑尼亚贡贝国家公园（Gombe National Park）中看到一群狒狒到达某个池塘时变得完全沉默。所有的动物，甚至是喧闹的年幼者都陷入"静默的沉思"。斯马茨将其解释为某种形式的"狒狒上加"（baboon shanga），"上加"在梵语里就是社区协会的意思。基于这种解释，威利称之为"令人获得启发的休息"（enlightened repose）（第102页）。

[41] 洛马尔2016年的那本书还没有翻译成英语。德语书名是 *Denken ohne Sprache. Phänomenologie des nicht-sprachlichen Denkens bei Mensch und Tier im Licht der Evolutionsforschung, Primatologie und Neurologie*（《没有语言的思考：从进化研究、灵长类学和神经学的角度研究人类和动物的非语言思维现象学》）。

[42] 例子包括 Montangero（2012）, Occhionero and Cicogna（2016）, Domhoff（2017）和 Eeles et al.（2020）。

[43] 少数写作有关动物想象力的读物的科学家和哲学家倾向于将其视为哺乳动物。但是，如果梦是想象的行为，那么非哺乳动物的梦会挑战这一观点。创造力和想象力似乎至少是哺乳动物与鸟类共有的性质（Ackerman, 2016）。

[44] Hills (2019), p.1.

第4章

[1] Siewert (1994), p.200.
[2] Chalmers (2018), p.12.
[3] Griffin (1976), p.15.
[4] Luce (1966), p.1.
[5] Rowlands (2009), p.176.
[6] Bekoff and Jamieson (1991), p.15.
[7] 有一种环境伦理学通过将道德和法律地位推广到非生命实体，如树木和河流，来反对这种观点。就非生命物体而言，争论的焦点是法律地位，

而非道德地位。见 Brennan（1984）和 Stone（2010）。
[8] Warren (1997), p.3.［在 Shepherd (2018), p.14 中也引用了这段话］
[9] 犹太哲学家以与这种思维方式共鸣的方式写下了有关伦理的文章。马丁·布伯（Martin Buber）的对话伦理学（dialogical ethics）就是一个例子（参见 Buber, 1970）。
[10] Block (1995), p.231.
[11] Block (1995), p.230.
[12] Levy (2014), p.128.
[13] Searle (1997), p.98. 这并不是说疼痛完全和认知无关，就好像我们所有的疼痛体验都只是孤立的感觉，而不受我们的情绪状态、我们以前的信念甚至我们的社会和文化背景的影响。当我昏昏欲睡和当疼痛把我惊醒时，脚趾被撞伤的强度是不一样的。当我全神贯注于一项任务时，几乎不会退缩。社会、认知、心理和生存因素塑造了疼痛的意义。这就是说，我的观点是，进入意识并不能完全排除疼痛的现象学，因为我的疼痛体验有一个维度是任何认知解释都说明不了的。这是我如何感受疼痛的定性维度，我在特定时刻如何体验的定性维度。布洛克用疼痛来说明，我们对世界的生活经历有些是无法完全用进入意识来体现的。关于对疼痛表征理论的批判，请参阅科林·克莱恩（Colin Klein）的著作。
[14] 这一论点是在 Siewert (1998) 一书中提出的，而该书又是基于 Siewert (1994) 一书之上。
[15] Siewert (1994), p.216. 有一些哲学家认为，布洛克的感知意识概念是不合逻辑的，但认知心理学和实验哲学的研究表明，在常识心理学（commonsense psychology）中也有些和布洛克把意识区分为进入意识与感知意识非常相似的内容（Knobe and Prinz, 2008）。按照许布纳（Huebner）的说法："也许在常识判断的结构之中隐含着某些区别，这似乎反映了某种类似于感知和非感知内心状态之间的区别的东西。"［(2010), p.135］
[16] 约书亚·谢泼德在其著作《意识与道德地位》(*Consciousness and Moral Status*) 中为类似的论题进行辩护。感知意识具有内在价值，因为它在所有拥有它的物种中产生了某种"评价空间"（evaluative space），使有机体能够把事物评价为正面或负面、有吸引力或令人厌恶［Shepherd (2018), p.73］。有了这种空间，感知意识才能使情感体验和做出评价的体验（evaluative experience）成为可能，这些体验使生活有了价值。因此，

在决定某个实体是否具有道德价值时，伦理学家必须要注意的并非"该实体的智慧，或者它是否有理性或自我觉知"（第92页）。他们需要注意它的感受，它是否对事物做出评价，是否有观点。在题为"其他动物的道德地位"的倒数第二章中，谢泼德将他的感知价值理论应用于动物，得出结论认为可以谈及其道德价值的动物可能要比我们原来以为的多得多。他说道：如果谁像"哲学家一样渴望能划条线*，（那么他们别无选择，只能）在进化图腾柱上很低的地方划线"（第99页）。

[17] 有机体不必一定要意识到为了使动作对其生存有意义，才执行有价值的动作。只要有机体表现出某种偏好，比如说，寻求有吸引力的刺激和远离令其讨厌的刺激，它们就表现出了一种评价行为，因为它们对刺激加上了某种评价值（valence）。

[18] 对动物伦理学的结果论原则最著名的应用，请参阅 Singer（1995）。

[19] 有人可能会说，既然结果论者道德宇宙的关键部分（即痛苦和快乐）本身就是感知状态，那么道德地位的基础就是感知意识。享乐结果论的拥护者采取这一立场（或它的某些变体），而偏好结果论的捍卫者则拒绝接受它。偏好结果论者在道德方面不那么重视我们的痛苦和快乐体验，而更重视满足我们的偏好。对他们中的许多人来说，进入优先的方法更具吸引力，因为在他们看来，只有具有进入意识的生物才能形成偏好。在这里，我关注的是这种结果论，因为它对我的立场提出了更大的挑战。

[20] 围绕这一进入优先的方法，卡汉和瑟武列斯库（Kahane and Savulescu, 2009）以及利维和瑟武列斯库（Levy and Savulescu, 2009）认为基于"智慧"（sapience）的主观偏好胜过基于"感知"（sentience）的主观偏好。利维（Levy, 2014）紧随其后。他驳斥了西韦特关于无魂人化危险的警告，声称失去感知意识远没有西韦特所认为的那样糟糕。按照利维的说法，西韦特说我们应该珍视我们许多方面的体验（例如我们对颜色的体验、审美感和感官愉悦、亲密的人际关系、自我感，甚至痛苦），这可能是对的，但他将这些都归为感知意识则是错了。实际上，它们依赖于进入意识。利维说，我的无魂人自我仍然会执行进入意识的所有功能（思考、行动、说话等），并拥有感知优先理论学家误以为是感知意识的

---

* 指区分哪些动物能具有道德地位的线。——译者注

所有体验。因此，无魂人生活似乎没有其他人想象的那么悲惨和贫乏。不幸的是，利维任意地将西韦特以及实际上在这一领域工作的大多数专家认为是感知意识的所有东西都算到了进入意识头上，他只是通过这样做来削弱西韦特的立场。他断言我的无魂人自我尽管缺乏感知意识，依然会体验痛苦，欣赏艺术之美，享受友谊之乐，体验性快感。这是不合逻辑的，因为按照定义，无魂人就没有内心生活（没有现象学）。什么样的无魂人会有自我意识？什么样的无魂人会培养友谊，去纽约现代艺术博物馆（MOMA）欣赏奥基夫（O'Keeffe）*或贾科梅蒂（Giacometti）**的作品？什么样的无魂人会有性高潮？人们不得不担心的是，利维误解了感知意识和进入意识之间的核心区别，并因此未能认识到他所讨论的感知状态的非认知维度。

［21］ Levy and Savulescu (2009), p.367.
［22］ Levy and Savulescu (2009), p.367.
［23］ Kahane and Savulescu (2009), p.21 (italics in the original).
［24］ 在《认知残疾及其对道德哲学的挑战》（*Cognitive Disability and Its Challenge to Moral Philosophy*）一书中，哲学家伊娃·费德·基蒂（Eva Feder Kittay）和莉奇亚·卡尔森（Licia Carlson）指出，享乐结果论者是基于极度地把无知和偏见混合在一起之上［见（Kittay and Carlson, 2010）和（Kittay, 2009）］。道德地位的进入优先方法也是如此。这种方法的支持者为深深困扰我的道德立场进行辩护。朱利安·瑟武列斯库之所以从事生物伦理学研究，是因为他认为，我们有道德义务积极预防生育有认知障碍和低智商的小孩。我并非第一个在他的作品中发现有明确呼应优生论思想的人。关于对萨武列斯库残障歧视的批评，见 Sparrow（2010）和 Hall（2016, p.20-23）。
［25］ 除了道德方面的问题之外，密尔的现代信徒还面临着一个认识论误区。在夸耀自己宁愿做一个不满意的人，也不愿做一只心满意足的猪时，密尔怎么可能知道做一只快乐的猪会是什么感觉呢？我想他知道不了多少。同样，利维、卡汉和瑟武列斯库声称，比起非残障人士的生活来说，动物和残障人士的生活要差（因为他们只有较少的可能性），他们又怎样能论证

---

* 乔治亚·托托·奥基夫（Georgia Totto O'Keeffe）是美国现代派艺术家。她以画花、纽约摩天大楼和新墨西哥风景而闻名。奥基夫被称为"美国现代主义之母"。——译者注

** 阿尔贝托·贾科梅蒂（Alberto Giacometi）是一位瑞士雕刻家、画家。贾科梅蒂是20世纪最重要的雕塑家之一。他的作品尤其受到立体主义和超现实主义等艺术风格的影响。——译者注

这一点呢？有什么理由使他们可以如此自信地谈论他们并非其中一员的生命形式，他们也不身在其中的生命世界呢？这个问题无法回避。谁敢说，做一个不满意的苏格拉底，就真比做一个心满意足的傻瓜要好呢？哲学家密尔有一个答案。也许傻瓜对这个问题有和哲学家不同的见解。

[26] 引自 Shepherd（2018），p.98-99。谢泼德也可以很容易地引用希腊哲学家伊壁鸠鲁的话，他宣扬幸福（eudaimonia）的关键并不取决于亚里士多德所宣扬的实行理论理性（theoria），而是在于获得简单的宁静（ataraxia），也就是不受不必要干扰的生活。

[27] 有关动物伦理学的康德方法请参见 O'Neill（1997）和 Korsgaard（2018）。

[28] Kriegel (2017), p.127.

[29] Kriegel (2017), p.127.

[30] Kriegel 借用了 Strawson 的天气观察者比喻（Strawson, 2012）。

[31] Kriegel (2017), p.127.

[32] Kriegel (2019), p.516.

[33] 许多康德主义者采取把道德主体（moral agents）和道德受体（moral patients）区分开来的立场。

[34] Kriegel (n.d.), p.27.

[35] 克里格尔的分析具有明显的列维纳斯（Levinasian）风格*。在诸如《总体与无限：关于外在性与非存在或超越本质》(*Totality and Infinity: An Essay on Exteriority and Otherwise than Being, or Beyond Essence*) 等书中，犹太哲学家伊曼纽尔·莱维纳斯发展了一种伦理哲学，这种哲学植根于极端的他者的他者性（otherness），或者用他喜欢的术语来说就是他异性（alterity）。这种他者性使他者难以捉摸。他者是一种"无限"，这使我不能将其归入我的任何类别，但我在道德上要对其负责。见 Levinas（1979）和 Levinas（1981）。

[36] Kriegel (2017), p.31.

[37] Kriegel (2017), p.133.

[38] Kriegel (2017), p.131.

---

* 莱维纳斯是立陶宛犹太血统的法国哲学家，以其在犹太哲学、存在主义和现象学领域的工作而闻名，专注于伦理学与形而上学和本体论的关系。列维纳斯的伦理学不是一种伦理准则，而是一种存在状态。自我只与他者有关，因此我们与他者的关系是我们如何获得自我感的。如果没有他者，自我也不可能存在。——译者注

［39］在《理想国》中，苏格拉底告诉格劳孔（Glaucon）*，"在我们所有人身上都能找到"与理不合的乐事。格劳孔问道："你说的欲望是什么意思？"苏格拉底回答道："我指的是那些在睡眠时灵魂中还醒着的部分，而灵魂中其余的理性、高尚和主导的部分睡着了，但那些充满着美食佳酿、嬉戏不眠的兽性凶残的部分冒了出来以满足自己的本能。你知道的，在这种情况下，因为没有了任何羞耻感和理性，就没有什么是不敢做的。它毫不畏缩地试图向幻想中的母亲（a mother in fancy）或其他任何人、男人、上帝或恶棍撒谎。它准备做出任何血腥的恶行；它大吃大喝，总而言之，极端愚蠢和无耻。"［Plato (2000), p.571d］

［40］这一文献我要感谢 Driver（2007）。

［41］20 世纪 80 年代，又一次提出了梦的内容和道德之间的关系问题。当时著名的《哲学》杂志发表了两篇文章，马修斯（Matthews, 1981）和曼（Mann, 1983）讨论了人是否要对自己的梦负有道德责任。有关这些文章的讨论，请参阅 Driver（2007）。

［42］斯珀林向人们显示带有三行字母的卡片，并要求他们回忆上面、中间或下面的一行，来测试人们的工作记忆。受试者可以成功地回忆（也就是说进入）其中的任何一行，但记不起所有行。一旦他们回忆起某个特定的行，他们对其他行的认知进入就消失了。布洛克对此的解释是：这意味着在刺激和回忆之间的时间间隔内，受试者在视觉上是把卡片作为一个整体（作为一个"图标"）来处理的，但他们还没有进入卡片的组成部分。受试者有感知意识，但对行没有进入意识。布洛克写道："这是我所认为正确的描述，也是我所需要的：我一下子就对所有的（或几乎所有的，以后我将省略这一限定语）字母都有感知意识（P-conscious），也就是说，就这些字母的整体来说，这些字母并不模糊，而是特定的字母（或至少有特定的形状），但我不能一下子就进入所有这些字母。"［(1995), p.244］

［43］Sebastián (2014a), p.278.

［44］Sebastián (2014a), p.276.

［45］正在做梦的脑忙于让我们沉浸到某个想象出来的世界模拟中。然而，这些活动都没有在 dlPFC 中展开。其中大多数都发生在形成基本感知觉的

---

* 格劳孔（Glaucon；希腊语：Γλαύκων；约公元前 445 年—公元前 4 世纪），古雅典人，柏拉图的哥哥。他主要以在《理想国》一书中苏格拉底的主要对话者而闻名。——译者注

［46］ 塞巴斯蒂安解释道：现在，如果如我一直所主张的那样，dlPFC 在认知进入中起着基础性作用，那么就可预期它在清醒梦中的活动将会增加，而这又将进一步支持我的说法。有几项研究给出了支持这一假设的初步实证证据。例如，韦尔利等（Wehrle et al., 2005; Wehrleet al., 2007）使用功能磁共振成像研究清醒梦中脑区的激活情况，结果表明，与非清醒梦相比，清醒梦中不仅额叶区域、颞叶和枕叶区域都高度激活。沃斯等（Voss et al., 2009）表明，受过训练的参与者在做清醒梦时，额叶区域的脑电图（EEG）功率增加，尤其是在40赫兹频段。最后，德雷斯勒等（Dresler et al., 2012）通过对比清醒和非清醒REM睡眠发表了有关清醒梦的神经相关集合的文章。不足为奇，dlPFC（布罗德曼46区）是记录到活动显著增加的区域之一。（2014a, p.278）

［47］ 塞巴斯蒂安（Sebastián, 2014a, p.276-277）在捍卫感知论对梦的解释时，他站队到了持有相同观点的许多著名的西方哲学家之中，这些哲学家包括伊曼努尔·康德、伯特朗·罗素（Bertrand Russell）、G. E. 摩尔（G. E. Moore）和西格蒙德·弗洛伊德（也请参见 Sebastián, 2014b）。他也与当代赞成这一解释的梦研究人员为伍，这些人如一川（Ichikawa, 2009）、一川和索萨（Ichikawa and Sosa, 2009）、梅辛格（Metzinger, 2003、2009）、雷文索（Revonsuo, 2006）、索萨（Sosa, 2005）。潘塔尼等（Pantani et al., 2018）也赞同对梦现象学的这种解释，只是他们相信梦是在达马西奥（Damasio, 1989）所称的脑中的汇聚-发散区（convergence-divergence zones）中产生的，特别是那些在进行中央处理（central processing）之前负责整合感觉体验的区域，所谓在进行中央处理之前就是说在感知觉体验通过进入巴尔斯（Baars, 1997）"全局工作空间"（global workspace）的信息瓶颈之前。

［48］ 例子包括巴尔斯的全局工作空间理论和德阿纳的进入意识理论（theory of conscious access）。

［49］ 例子包括戴维·罗森塔尔（David Rosenthal）的元认知理论（theory of metacognition）和迈克尔·泰伊（Michael Tye）的"派尼克（PANIC）"意识理论（"PANIC" theory of consciousness）*。

---

* "PANIC" 是下列英语词汇首字母的缩略语：Poised, Abstract, Non-conceptual, Intentional Content。——译者注

[50] 这篇文献中经常出现的一个中心问题是,道德地位是一个全或无(all-or-nothing)的问题,还是一个程度问题,不同的动物都有或多或少的道德地位。如果这是一个全或无的问题,那么谁有道德地位?而谁没有道德地位?如果这是一个程度问题,那么我们如何决定不同物种,甚至同一物种中的不同成员应拥有的道德地位的程度?又如何来衡量和分配这种状态?德格拉齐亚(DeGrazia, 2009)对声称道德地位有程度之分的说法区分了两种不同方式。一种是双层模型(two-tier model),根据这种模式,所有的人都有完整的道德地位,而所有其他动物则都等而下之。还有一种是滑动尺度模型(sliding-scale model),它承认不同的动物有不同程度的道德地位,这取决于"它们是哪种生物"。

[51] DeGrazia (1991), p.49.

[52] Gruen (2017), p.1.

[53] 我在这里想到的是像彼得·卡拉瑟斯、R. G. 弗雷(R. G. Frey)和约瑟夫·勒杜这样的人。例如,卡拉瑟斯很快就从声称动物没有意识改变为声称"没有理由认为动物在伦理方面是重要的"(Carruthers, 1989, p.268)。

[54] 回顾现代动物权利运动的历史,马克·贝科夫和戴尔·贾米森解释说,彼得·辛格(Peter Singer)的《动物解放》(*Animal Liberation*)在20世纪最后的几十年中之所以如此有影响力,是因为后行为主义(post-behaviorist)在心理学和认知科学中的发展已经为接受它扫清了道路。并不是这些事态发展证实了辛格的立场。而是因为它们改变了我们大家对动物心智的看法,使辛格的立场在文化上可被理解。如果没有这些发展,辛格的见解可能就会因为没有文化基础支持而失败。

结语

[1] Hacking (2004), p.233.

[2] Cavalieri (2003).

[3] 在《梦的解析》中,弗洛伊德根据内容把梦分成了三种。有一些梦在现象学上是合乎逻辑的,而按照自己的经验也正常(existentially normal)的梦,这种梦梦到的是我们在现实生活中可能会经历的日常情况,我们醒来后可以毫不费力地把这种梦境融入我们的生活故事中(例如,我梦到教课)。有一些从现象学上讲起来是合乎逻辑的但从自身经历上来说是奇怪的梦,其感知内容可能"合理地联系在一起",但其叙述内容与我们

的自我理解不一致（例如，当我梦见与家人发生性关系时）。梦中的场景井然有序，但我很难认同梦中表达的欲望真是我的。我认为这个梦并不符合我对我自己的理解。最后，是完全不合逻辑的梦（例如，当我梦到自己是一只会飞的十条腿蜥蜴，同时也是俄罗斯国王，然后突然间我又变成了一只熊）。弗洛伊德对最后两种梦特别感兴趣。

[4] Guardia (1892), p.226.

[5] Hartmann (2008), p.53.

[6] Wolfe (2013), p.94.

[7] 霍布森解释说，梦境体现了"自创造的特性"，它以最简单和最纯粹的形式把所有的主观体验生动地加以具体化，使它们在"功能上不受觉醒状态的影响"[Hobson (2001), p.9]。

[8] 西班牙哲学家哈维尔·圣马汀（Javier San Martín）和玛丽亚·鲁斯·平托斯·佩尼亚拉达（Maria Luz Pintos Peñarada）在一篇题为《动物生活与现象学》（Animal Life and Phenomenology）的文章中认为，尽管现象学哲学传统在历史上优先研究人类经验，但是我们可以将主观性的现象学概念扩展到动物上去，因为动物"也算是生物"（constituting beings）（San Martín and Pintos Peñaranda, 2001）。

[9] Pearson and Large (2006), p.119.

[10] Pearson and Large (2006), p.115.

[11] Quoted in Domash (2020), p.108.

参考文献

Aaltola, E. (2010). Animal minds, skepticism, and the affective stance. Teorema: Revista Internacional de Filosofía 20: 69–82.

Ackerman, J. (2016). The Genius of Birds. New York: Penguin.

Adrien, J. (1984). Ontogenese du sommeil chez le mammifere. In Physiologie du sommeil, Benoit, O. (ed.), 19–29. Paris: Masson.

Allen, C. (1999). Animal concepts revisited: the use of self-monitoring as an empirical approach. Erkenntnis 51: 537–544.

———. (2006). Transitive inference in animals: reasoning or conditioned as-sociations. In Rational Animals?, Hurley, S. and Nudds, M. (eds.), 175–185. Oxford: Oxford University Press.

Andrews, K. (2014). The Animal Mind: An Introduction to the Philosophy of Animal Cognition. New York: Routledge.

Aust, U., Range, F., Steurer, M. and Huber, L. (2008). Inferential reasoning by exclusion in pigeons, dogs, and humans. Animal Cognition 11: 587–597.

Austin, J. H. (1999). Zen and the Brain: Toward an Understanding of Meditation and Consciousness. Cambridge: MIT Press.

Baars, B. J. (1986). The Cognitive Revolution in Psychology. New York: Guilford Press.

———. (1997). In the theatre of consciousness: global workspace theory, a rigorous scientific theory of consciousness. Journal of Consciousness Studies 4:292–309.

Bachelard, G. (1963). Le matérialisme rationnel. Paris: Presses Universitaires de France.

Baird, B., Mota-Rolim, S. A., and Dresler, M. (2019). The cognitive neuroscience of lucid dreaming. Neuroscience & Biobehavioral Reviews 100: 305–323.

Balcombe, J. (2010). Second Nature: The Inner Lives of Animals. New York: Macmillan.

Bekoff, M. (2003). Consciousness and self in animals: some reflections. Zygon 38:229–245.

Bekoff, M., and Jamieson, D. (1991). Reflective ethology, applied philosophy, and the moral status of animals. In Perspectives in Ethology: Human Understanding and Animal Awareness, Bateson, P. G., and Klopfer, P. H. (eds.) 1–32. New York: Plenum Press.

Bender, K. (2016). What is your cat or dog dreaming about? A Harvard expert has some answers. People Magazine. October 13, 2016. https://people.com/pets/what-is-your-cat-or-dog-dreaming-about-a-harvard-expert-has-some-answers/.

Bendor, D., and Wilson, M. A. (2012). Biasing the content of hippocampal replay during sleep. Nature Neuroscience 15: 1439–1444.

Bentham, J. (1843). The Works of Jeremy Bentham, Bowring, J. (ed.). London: William Tait.

Berardi, A., Trezza, V., Palmery, M., Trabace, L., Cuomo, V., and Campolongo, P. (2014). An updated animal model capturing both the cognitive and emotional features of post-traumatic stress disorder (PTSD). Frontiers in Behavioral Neuroscience 8: 1–12.

Berger, R. J., and Walker, J. M. (1972). Sleep in the burrowing owl (Speotyto cunicularia hypugaea). Behavioral Biology 7: 183–194.

Berntsen, D., and Jacobsen, A. S. (2008). Involuntary (spontaneous) mental time travel into the past and future. Consciousness and Cognition 17: 1093–1104.

Block, N. (1995). On a confusion about a function of consciousness. Behavioral and Brain Sciences 18: 227–247.

Blumberg, M. S. (2010). Beyond dreams: do sleep-related movements contribute to brain development? Frontiers in Neurology 1: 140.

Bogzaran, F., and Deslauriers, D. (2012). Integral Dreaming: A Holistic Approach to

Dreams. Albany: SUNY Press.

Botero, M. (2020). Primate orphans. In Encyclopedia of Animal Cognition and Behavior, Vonk, J., and Shackelford, T. K. (eds.), 1–7. New York: Springer International Publishing.

Boyce, R., Glasgow, S. D., Williams, S., and Adamantidis, A. (2016). Causal evidence for the role of REM sleep theta rhythm in contextual memory consolidation. Science 352: 812–816.

Boysen, S. T., and Hallberg, K. I. (2000). Primate numerical competence: Contributions toward understanding nonhuman cognition. Cognitive Science 24: 423–443.

Bradshaw, G. A. (2009). Elephants on the Edge. New Haven: Yale University Press.

References 235.

Brennan, A. (1984). The moral standing of natural objects. Environmental Ethics 6: 35–56.

Brereton, D. P. (2000). Dreaming, adaptation, and consciousness: the social mapping hypothesis. Ethos 28: 379–409.

Brower, K. J., and Siegel, R. K. (1977). Hallucinogen-induced behaviors of free-moving chimpanzees. Bulletin of the Psychonomic Society 9:287–290.

Buber, M. (1970). I and Thou. New York: Scribner.

Burgin, C. J., Colella, J. P., Kahn, P. L., and Upham, N. S. (2018). How many species of mammals are there? Journal of Mammalogy 99: 1–14.

Calkins, M. W. (1893). Statistics of dreams. American Journal of Psychology 5.3:311–343.

Call, J. (2006). Inferences by exclusion in the great apes: The effect of age and species. Animal Cognition 9: 393–403.

———. (2010). Do apes know that they could be wrong? Animal Cognition 13:689–700.

Campbell, R. L., and Germain, A. (2016). Nightmares and posttraumatic stress disorder (PTSD). Current Sleep Medicine Reports 2: 74–80.

Carruthers, P. (1989). Brute experience. Journal of Philosophy 86: 258–269.

———. (1996). Language, Thought and Consciousness: An Essay in Philosophical Psychology. Cambridge: Cambridge University Press.

———. (2008). Meta-cognition in animals: A skeptical look. Mind & Language 23: 58–89.

Carson, A. (1994). The glass essay. RARITAN 13: 25.

Castner, S. A., and Goldman-Rakic, P. S. (1999). Long-lasting psychotomimetic consequences of repeated low-dose amphetamine exposure in rhesus monkeys. Neuropsychopharmacology 20.1: 10–28.

Castner, S. A., and Goldman-Rakic, P. S. (2003). Amphetamine sensitization of hallucinatory-like behaviors is dependent on prefrontal cortex in nonhuman primates. Biological Psychiatry 54: 105–110.

Cavalieri, P. (2003). The Animal Question: Why Nonhuman Animals Deserve Human Rights. Oxford: Oxford University Press.

———. (2012). Declaring whales' rights. Tamkang Review 42: 111–137.

———. (2018). The meta-problem of consciousness. Journal of Consciousness Studies 25: 6–61.

Chase, M. H., and Morales, F. R. (1990). The atonia and myoclonia of active (REM) sleep. Annual Review of Psychology 41: 557–584.

Chernus, L. A. (2008). Separation/abandonment/isolation trauma: An application of psychoanalytic developmental theory to understanding its impact on both chimpanzee and human children. Journal of Emotional Abuse 8:447–468.

Churchland, P. M. (1995). The Engine of Reason, the Seat of the Soul: A Philosophical Journey into the Brain. Cambridge: MIT Press.

Coleridge, S. (2004). The Complete Poems of Samuel Taylor Coleridge. London: Penguin.

Conn, Jacob H. (1974). The decline of psychoanalysis: The end of an era, or here we go again. JAMA 228.6: 711–712.

Corner, M. A. (2013). Call it sleep — what animals without backbones can tell us about the phylogeny of intrinsically generated neuromotor rhythms during early development. Neuroscience Bulletin 29: 373–380.

Corner, M., and van der Togt, C. (2012). No phylogeny without ontogeny—a comparative and developmental search for the sources of sleep-like neural and behavioral rhythms. Neuroscience Bulletin 28: 25–38.

Cortés Z. C. (2015). Nonhuman animal testimonies: a natural history in the first person? In The historical animal, Nance, S., Colby, J., Gibson, A. H., Swart, S., Tortorici, Z., and Cox, L. (eds.), 118–132. Syracuse: Syracuse University Press.

Crick, F., and Mitchison, G. (1983). The function of dream sleep. Nature 304: 111–114.

Crist, E. (2010). Images of Animals. Philadelphia: Temple University Press.

Cyrulnik, Boris. (2013). Les animaux rêvent-ils? Quand le rêve devient liberté. Le Coq-Héron 4.215: 142–149.

Dadda, M., Piffer, L., Agrillo, C., and Bisazza, A. (2009). Spontaneous number representation in mosquitofish. Cognition 112: 343–348.

Damasio, A. R. (1989). Time-locked multiregional retroactivation: A systems — level proposal for the neural substrates of recall and recognition. Cognition 33: 25–62.

———. (1999). The Feeling of What Happens: Body and Emotion in the Making of Consciousness. New York: Houghton Mifflin Harcourt.

Darwin, C. (1891). The Descent of Man and Selection in Relation to Sex. London: John Murray.

Dave, A. S., and Margoliash, D. (2000). Song replay during sleep and computational rules for sensorimotor vocal learning. Science 290: 812–816.

Davidson, T. J., Kloosterman, F., and Wilson, M. A. (2009). Hippocampal replay of extended experience. Neuron 63: 497–507.

Dawkins, M. S. (2012). Why Animals Matter: Animal Consciousness, Animal Welfare, and Human Well-being. Oxford: Oxford University Press.

de Waal, F. (2016). Are We Smart Enough to Know How Smart Animals Are? New York: WW Norton & Company.

DeGrazia, D. (1991). The moral status of animals and their use in research: A philosophical review. Kennedy Institute of Ethics Journal 1: 48–70.

———. (2009). Self-awareness in animals. In The Philosophy of Animal Minds, Lurz, R. W. (ed.), 201–217. Cambridge: Cambridge University Press.

Dehaene, S. (2014). Le code de la conscience. Paris: Odile Jacob.

Derdikman, D., and Moser, M. (2010). A dual role for hippocampal replay. Neuron 65: 582–584.

Derégnaucourt, S., and Gahr, M. (2013). Horizontal transmission of the father's song in the zebra finch (Taeniopygia guttata). Biology Letters 9: 20130247.

Derrida, J. (2002). The animal that therefore I am (more to follow). Critical Inquiry 28: 369–418.

Despret, V. (2016). What Would Animals Say If We Asked the Right Questions?

Minneapolis: University of Minnesota Press.

Dewasmes, G., Cohen-Adad, F., Koubi, H., and Le Maho, Y. (1985). Polygraphic and behavioral study of sleep in geese: Existence of nuchal atonia during paradoxical sleep. Physiology & Behavior 35: 67–73.

Domash, L. (2020). Imagination, Creativity and Spirituality in Psychotherapy: Welcome to Wonderland. New York: Routledge.

Domhoff, G. W. (2017). The Emergence of Dreaming: Mind-wandering, Embodied Simulation, and the Default Network. Oxford: Oxford University Press.

Driver, J. (2007). Dream immorality. Philosophy 82: 5–22.

Dudai, Y. (2004). The neurobiology of consolidations, or, how stable is the engram? Annual Review of Psychology 55: 51–86.

Dumpert, J. (2019). Liminal Dreaming: Exploring Consciousness at the Edges of Sleep. Berkeley: North Atlantic Books.

Duntley, S. P. (2003). Sleep in the cuttlefish sepia officinalis. Sleep 26: A118.

———. (2004). Sleep in the cuttlefish. Annals of Neurology 56: S68.

Duntley, S. P., Uhles, M., and Feren, S. (2002). Sleep in the cuttlefish sepia pharaonic. Sleep 25: A159–A160.

Edelman, Gerald M. (2003). Naturalizing consciousness: A theoretical framework. Proceedings of the National Academy of Sciences 100.9: 5520–5524.

———. (2005). Wider than the Sky: A Revolutionary View of Consciousness. London: Penguin.

Edgar, D. M., Dement, W. C., and Fuller, C. A. (1993). Effect of SCN lesions on sleep in squirrel monkeys: Evidence for opponent processes in sleep-wake regulation. Journal of Neuroscience 13: 1065–1079.

Eeles, E., Pinsker, D., Burianova, H., and Ray, J. (2020). Dreams and the day-dream retrieval hypothesis. Dreaming 30: 68–78.

Ellinwood, E., Sudilovsky, A., and Nelson, L. M. (1973). Evolving behavior in the clinical and experimental amphetamine (model) of psychosis. American Journal of Psychiatry 130: 1088–1093.

Ellison, G., Nielsen, E. B., and Lyon, M. (1981). Animal model of psychosis: Hallucinatory behaviors in monkeys during the late stage of continuous amphetamine intoxication. Journal of Psychiatric Research 16: 13–22.

Erdőhegyi, Á., Topál, J., Virányi, Z., and Miklósi, Á. (2007). Dog-logic: Inferential reasoning in a two-way choice task and its restricted use. Animal Behaviour 74: 725–737.

Felipe de Souza, M., and Schmidt, A. (2014). Responding by exclusion in Wistar rats in a simultaneous visual discrimination task. Journal of the Experimental Analysis of Behavior 102: 346–352.

Filevich, E., Dresler, M., Brick, T. R., and Kühn, S. (2015). Metacognitive mechanisms underlying lucid dreaming. Journal of Neuroscience 3S.3:1082–1088.

Fisher, N. (2017). Kant on animal minds. Ergo, an Open Access Journal of Philosophy 4: 441–462.

Foster, D. J., and Wilson, M. A. (2006). Reverse replay of behavioural sequences in hippocampal place cells during the awake state. Nature 440:680–683.

Foucault, M. (1985). Dream, imagination, and existence. Review of Existential Psychology and Psychiatry I9:I: 29–78.

Foulkes, D. (1990). Dreaming and consciousness. European Journal of Cognitive Psychology 2: 39–55.

———. (1999). Children's Dreaming and the Development of Consciousness. Cambridge: Harvard University Press.

Frank, M. G. (1999). Phylogeny and evolution of rapid eye movement (REM) sleep. In Rapid Eye Movement Sleep, Mallick, B. N., and Inoué, S. (eds.), 17–38. New York: Narosa.

Frank, M. G., Waldrop, R. H., Dumoulin, M., Aton, S., and Boal, J. G. (2012). A preliminary analysis of sleep-like states in the cuttlefish Sepia officinalis. PLoS One 7: e38125.

Freiberg, A. S. (2020). Why we sleep: A hypothesis for an ultimate or evolutionary origin for sleep and other physiological rhythms. Journal of Circadian Rhythms 18: 2–6.

Freud, S. (1938). The interpretation of dreams. In The Basic Writings of Sigmund Freud, Brill, A. A. (ed.), 181–549. New York: Random House.

Gallup, G. G. (1977). Self-recognition in primates: A comparative approach to the bidirectional properties of consciousness. American Psychologist 32:329–338.

Gardner, H. (1987). The Mind's New Science: A History of the Cognitive Revolution. New York: Basic Books.

Gardner, R. A., Gardner, B. T., and Van Cantfort, T. E., eds. (1989). Teaching Sign

Language to Chimpanzees. Albany: SUNY Press.
Gelbard-Sagiv, H., Mukamel, R., Harel, M., Malach, R., and Fried, I. (2008). Internally generated reactivation of single neurons in human hippocampus during free recall. Science 322: 96–101.
Gioanni, H. (1988). Stabilizing gaze reflexes in the pigeon (Columba livia). Experimental Brain Research 69: 567–582.
Glock, H. J. (1999). Animal minds: Conceptual problems. Evolution and Cognition 5: 174–188.
———. (2000). Animals, thoughts and concepts. Synthese 123: 35–64.
———. (2010) Can animals judge? Dialectica 64: 11–33.
Godfrey-Smith, P. (2016). Other Minds: The Octopus, the Sea, and the Deep Origins of Consciousness. New York: Farrar, Straus and Giroux.
———. (2017). The mind of an octopus. Scientific American, January 1, 2017. https://www.scientificamerican.com/article/the-mind-of-an-octopus/.
Gómez, J. C., and Martín-Andrade, B. (2005). Fantasy play in apes. In The Nature of Play: Great Apes and Humans, Pellegrini, A. D., and Smith, P. K. (eds.), 139–172. New York: Guilford Press.
Graf, R., Heller, H. C., and Rautenberg, W. (1981). Thermoregulatory effector mechanism activity during sleep in pigeons. In Contributions to Thermal Physiology, Szelenyi, Z., and Szekely, M. (eds.), 225–227. Oxford: Oxford Press.
Graf, R., Heller, H. G., and Sakaguchi, S. (1983). Slight warming of the spinal cord and the hypothalamus in the pigeon: effects on thermoregulation and sleep during the night. Journal of Thermal Biology, 8.1–2: 159–161.
Griffin, D. R. (1976). The Question of Animal Awareness: Evolutionary Continuity of Mental Experience. New York: Rockefeller University Press.
———. (1998). From cognition to consciousness. Animal Cognition 1: 3–16.
Groos, Karl. (1898). The Play of Animals. Boston: D. Appleton and Company.
Gruen, L. (2017). The moral status of animals. Stanford Encyclopedia of Philosophy. Accessed July 23, 2020. https://plato.stanford.edu/entries/moral-animal/.
Guardia, J. M. (1892). La personalité dans les rêves. Revue Philosophique de la France et de l'Étranger 34: 225–258.
Gupta, A. S., van der Meer, M. A., Touretzky, D. S., and Redish, A. D. (2010). Hippocampal replay is not a simple function of experience. Neuron 65:695–705.

Hacking, I. (2001). Dreams in place. Journal of Aesthetics and Art Criticism 59:245–260.

———. (2004). Historical Ontology. Cambridge: Harvard University Press.

Hale, N. G., Jr. (1995). The Rise and Crisis of Psychoanalysis in the United States: Freud and the Americans, 1917–1985. Oxford: Oxford University Press.

Hall, M. (2016). The Bioethics of Enhancement: Transhumanism, Disability, and Biopolitics. Lanham, Maryland: Lexington Books.

Halton, E. (1989). An unlikely meeting of the Vienna school and the New York school. New Observations 1: 5–9.

Harris, E. H., Beran, M. J., and Washburn, D. A. (2007). Ordinal-list integration for symbolic, arbitrary, and analog stimuli by rhesus macaques (Macaca mulatta). Journal of General Psychology 134: 183–197.

Hartmann, E. (1995). Making connections in a safe place: Is dreaming psychotherapy? Dreaming 5: 213.

———. (2001). Dreams and Nightmares: The Origin and Meaning of Dreams. Cambridge: Perseus Publishing.

———. (2008). The central image makes "big" dreams big: The central image as the emotional heart of the dream. Dreaming 18: 44–57.

Haselswerdt, Ella. (2019). The Semiotics of the Soul in Ancient Medical Dream Interpretation: Perception and the Poetics of Dream Production in Hippocrates' "On Regimen." Ramus 48.1: 1–21.

Hearne, K.M.T. (1978). Lucid Dreams: An Electro-physiological and Psychological Study. Doctoral dissertation, Liverpool University.

Hernandez-Lallement, J., Attah, A. T., Soyman, E., Pinhal, C. M., Gazzola, V., and Keysers, C. (2020). Harm to others acts as a negative reinforcer in rats. Current Biology 30: 949–961.

Hills, T. (2019). Can animals imagine things that have never happened? Psychology Today. Accessed October 22, 2019. https://www.psychologytoday.com/us/blog/statistical-life/201910/can-animals-imagine-things-have-never-happened.

Hobson, J. A. (2001). The Dream Drugstore: Chemically Altered States of Consciousness. Cambridge: MIT Press.

Hobson, J. A., and McCarley, R. W. (1977). The brain as a dream state generator: An activation-synthesis hypothesis of the dream process. American Journal of

Psychiatry 134: 1335–1348.

Hobson, A., and Voss, U. (2010). Lucid Dreaming and the Bimodality of Consciousness. In New Horizons in the Neuroscience of Consciousness, Perry, E. K., Collerton, D., LeBeau, F.E.N., and Ashton, H. (eds.), 155–168. Amsterdam: John Benjamins Publishing Company.

Huebner, B. (2010). Commonsense concepts of phenomenal consciousness: Does anyone care about functional zombies? Phenomenology and the Cognitive Sciences 9: 133–155.

Hurley, S. E., and Nudds, M. (2006). Rational Animals? Oxford: Oxford University Press.

Ichikawa, J. (2009). Dreaming and imagination. Mind & Language 24: 103–121.

Ichikawa, J, and Sosa, E. (2009). Dreaming, philosophical issues. In The Oxford Companion to Consciousness, Bayne, T., and Wilken, P. (eds.). Oxford: Oxford University Press.

Inwood, B, and Gerson, L. P. (1994). The Epicurus Reader. Cambridge: Hackett Publishing.

Johnson, A., and Redish, A. D. (2007). Neural ensembles in CA3 transiently encode paths forward of the animal at a decision point. Journal of Neuroscience 27.45: 12176–12189.

Jouvet, M. (1962). Recherches sur les structures nerveuses et les mécanismes responsables des différentes phases du sommeil physiologique. Archives italiennes de biologie 100: 125–206.

———. (1965a). Behavioral and EEG effects of paradoxical sleep deprivation in the cat. In Proceedings of the 23rd International Congress of Physiological Sciences (Vol.4), Noble, D. (ed.). Excerpta Medica.

———. (1965b). Paradoxical sleep — a study of its nature and mechanisms. Progress in Brain Research 18: 20–62.

———. (1979). What does a cat dream about? Trends in Neurosciences 2:280–282.

———. (2000). The Paradox of Sleep: The Story of Dreaming. Cambridge: MIT Press.

Kahan, T. L. (1994). Lucid dreaming as metacognition: Implications for cognitive science. Consciousness and Cognition 3: 246–264.

Kahane, G., and Savulescu, J. (2009). Brain damage and the moral significance of consciousness. Journal of Medicine and Philosophy 34: 6–26.

Karlsson, M. P., and Frank, L. M. (2009). Awake replay of remote experiences in the hippocampus. Nature Neuroscience 12: 913–918.

Karmanova, I. G. (1982). Evolution of Sleep: Stages of the Formation of the "Wakefulness-sleep" Cycle in Vertebrates. Basel: Karger.

Karmanova, I. G., and Lazarev, S. G. (1979). Stages of sleep evolution (facts and hypotheses). Waking and Sleeping 3: 137–147.

Kelly, D. (2018). The untold truth of Koko. Grunge. June 22, 2018. https://www.grunge.com/126879/the-untold-truth-of-koko/.

Kilian, A., Yaman, S., von Fersen, L., and Güntürkün, O. (2003). A bottlenose dolphin discriminates visual stimuli differing in numerosity. Animal Learning & Behavior 31: 133–142.

King, B. J. (2011). Are apes and elephants persons? In Search of Self: Interdisciplinary Perspectives on Personhood, Van Huyssteen, J. W., and Wiebe, E. P. (eds.), 70–82. Grand Rapids: Eerdmans Publishing.

Kingdom, S. (2017). The elephant orphans of Zambia. Africa Geographic. Accessed September 26, 2019. https://africageographic.com/blog/elephant-orphans-zambia/.

Kinnaman, A. J. (1902). Mental life of two Macacus rhesus monkeys in captivity. Part II. American Journal of Psychology 13: 173–218.

Kirmayer, L. J. (2009). Nightmares, neurophenomenology and the cultural logic of trauma. Culture, Medicine, and Psychiatry 33: 323–331.

Kittay, E. F. (2009). The personal is philosophical is political: A philosopher and mother of a cognitively disabled person sends notes from the battlefield. Metaphilosophy 40: 606–627.

Kittay, E. F., and Carlson, L., eds. (2010). Cognitive Disability and Its Challenge to Moral Philosophy. Hoboken: John Wiley & Sons.

Klein, C. (2007). An imperative theory of pain. Journal of Philosophy 104: 517–532.

Klein, M. (1963). Etude polygraphique et phylogénétique des différents états de sommeil. Thèse de Médecine. Lyon.

Knierim, J. J. (2009). Imagining the possibilities: ripples, routes, and reactivation. Neuron 63: 421–423.

Knobe, J., and Prinz, J. (2008). Intuitions about consciousness: Experimental studies.

Phenomenology and the Cognitive Sciences 7: 67–83.

Kockelmans, J. J. (1994). Edmund Husserl's phenomenology. West Lafayette, Indiana: Purdue University Press.

Kornell, N., Son, L. K., and Terrace, H. S. (2007). Transfer of metacognitive skills and hint seeking in monkeys. Psychological Science 18.1: 64–71.

Korsgaard, C. (2018). Fellow Creatures: Our Obligations to the Other Animals. Oxford: Oxford University Press.

Kriegel, U. (2017). Dignity and the phenomenology of recognition-respect. In Emotional Experience: Ethical and Social Significance, Drummond, J. J., and Rinofner-Kreidl, S. (eds.), 121–136. Lanham, Maryland: Rowman & Littlefield.

———. (2019). The value of consciousness. Analysis 79: 503–520.

———. (n.d.). The value of consciousness: A propaedeutic. Accessed July 23, 2020. https://uriahkriegel.com/userfiles/downloads/propaedeutic.pdf.

Kunzendorf, R. G. (2016). On the Evolution of Conscious Sensation, Conscious Imagination, and Consciousness of Self. New York: Routledge.

LaBerge, S. (1985). Lucid dreaming. New York: Tarcher.

LaBerge, S., and DeGracia, D. J. (2000). Varieties of lucid dreaming experience. In Individual Differences in Conscious Experience, Kunzendorf, G., and Wallace, B. (eds.), 269–307. Amsterdam: John Benjamins Publishing Company.

Lacrampe, C. (2002). Dormir, rêver: Le sommeil des animaux. Paris: Iconoclaste.

LeDoux, J. E. (2013). The slippery slope of fear. Trends in Cognitive Sciences 17: 155–156.

Lee, A. (2019). Is consciousness intrinsically valuable? Philosophical Studies 176:655–671.

Lesku, J. A., Meyer, L. C., Fuller, A., Maloney, S. K., Dell'Omo, G., Vyssotski, A. L., and Rattenborg, N. C. (2011). Ostriches sleep like platypuses. PloS One 6: e23203.

Leung, L. C., Wang, G. X., Madelaine, R., Skariah, G., Kawakami, K., Deisseroth, K., and Mourrain, P. (2019). Neural signatures of sleep in zebrafish. Nature, 571.7764: 198–204.

Levinas, E. (1979). Totality and Infinity: An Essay on Exteriority. New York: Springer.

———. (1981). Otherwise than Being or beyond Essence. New York: Springer.

Levy, N. (2014). The value of consciousness. Journal of Consciousness Studies 21: 127–138.

Levy, N., and Savulescu, J. (2009). Moral significance of phenomenal consciousness. Progress in Brain Research, 177: 361–370.

Lillard, A. S. (1994). Making sense of pretence. In Children's early understanding of mind: Origins and development, Lewis, C., and Mitchell, P. (eds.), 211–234. New York: Psychology Press.

Lindsay, W. L. (1879). Mind in the Lower Animals in Health and Disease. New York: Appleton.

Llinás, R. R., and Paré, D. (1991). Of dreaming and wakefulness. Neuroscience 44.3: 521–535.

Lohmar, D. (2007). How do primates think? Phenomenological analyses of non-language systems of representation in higher primates and humans. In Phenomenology and the Non-human Animal, Painter, C. and Lotz, C. (eds.), 57–74. New York: Springer.

———. (2016). Denken ohne sprache: phänomenologie des nicht-sprachlichen denkens bei mensch und tier im licht der evolutionsforschung, primatologie und neurologie. New York: Springer-Verlag.

Lopresti-Goodman, S. M., Kameka, M., and Dube, A. (2013). Stereotypical behaviors in chimpanzees rescued from the African bushmeat and pet trade. Behavioral Sciences 3.1: 1–20.

Louie, K., and Wilson, M. A. (2001). Temporally structured replay of awake hippocampal ensemble activity during rapid eye movement sleep. Neuron 29.1: 145–156.

Luce, G. (1966). Current research on sleep and dreams. Public Health Service Publication No. 1389. National Institute of Mental Health.

Lucretius, C. T. (1910). On the Nature of Things. Bailey, C. (trans.). Oxford: Oxford University Press.

Lyamin, O. I., Shpak, O. V., Nazarenko, E. A., and Mukhametov, L. M. (2002). Muscle jerks during behavioral sleep in a beluga whale (Delphinapterus leucas L.). Physiology & Behavior 76.2: 265–270.

Lyn, H., Greenfield, P., and Savage-Rumbaugh, S. (2006). The development of representational play in chimpanzees and bonobos: Evolutionary implications, pretense, and the role of interspecies communication. Cognitive Development 21.3: 199–213.

Malcolm, N. (1956). Dreaming and skepticism. Philosophical Review 65: 14–37.

———. (1959). Dreaming. New York: Routledge.

Malinowski, J. E., Scheel, D., and McCloskey, M. (2021). Do animals dream? Consciousness and Cognition 95: 103214.

Mallatt, J., and Feinberg, T. E. (2016). Insect consciousness: Fine-tuning the hypothesis. Animal Sentience 1.9: 10.

Manger, P. R., and Siegel, J. M. (2020). Do all mammals dream? Journal of Comparative Neurology 528: 1–39.

Mann, J. (2018). Deep Thinkers: Inside the Minds of Whales, Dolphins, and Porpoises. Chicago: University of Chicago Press.

Mann, W. E. (1983). Dreams of immorality. Philosophy 58: 378–385.

Masson, J. M. (2009). When Elephants Weep: The Emotional Lives of Animals. New York: Delta.

Matsuzawa, T. (2009). Symbolic representation of number in chimpanzees. Current Opinion in Neurobiology 19.1: 92–98.

———. (2011). Log doll: Pretense in wild chimpanzees. In The Chimpanzees of Bossou and Nimba. Matsuzawa, T., Humle, T., and Sugiyama, T. (eds.), 131–135. New York: Springer.

Matthews, G. B. (1981). On being immoral in a dream. Philosophy 56: 47–54.

Merleau-Ponty, M. (2013). Phenomenology of Perception. New York: Routledge.

Metzinger, T. (2003). Being No One: The Self-model Theory of Subjectivity. Cambridge: MIT Press.

———. (2009). The Ego Tunnel: The Science of the Mind and the Myth of the Self. New York: Basic Books.

Miller, G. A. (1962). Psychology: The Science of Mental Life. London: Pelican Books.

Mills, W. (1889). A Textbook of Animal Physiology: With introductory chapters on general biology and a full treatment of reproduction, for students of human and comparative (veterinary) medicine and of general biology. Boston: D. Appleton and Company.

Mitchell, R. W. (2016). Can animals imagine? In Routledge Handbook of Philosophy of Imagination, Kind, A. (ed.), 326–338. New York: Routledge.

Montaigne, M. (1877). The Complete Essays of Michael de Montaigne. Cotton, C. (trans.), Hazlitt, W. (ed.). https://gutenberg.org/files/3600/3600-h/3600-h.htm.

Montangero, J. (2012). Dream thought should be compared with waking world simulations: A comment on Hobson and colleagues' paper on dream logic. Dreaming 22: 70–73.

Morin, R. (2015). A conversation with Koko the gorilla: An afternoon spent with the famous gorilla who knows sign language and the scientist who taught her how to talk. Atlantic. August 28, 2015. https://www.theatlantic.com/technology/archive/2015/08/koko-the-talking-gorilla-sign-language-francine-patterson/402307/.

Morse, D. D., and Danahay, M. A., eds. (2017). Victorian Animal Dreams: Representations of Animals in Victorian Literature and Culture. New York: Routledge.

Mukobi (previously Williams), K. (1995). Comprehensive Nighttime Activity Budgets of Captive Chimpanzees (pan troglodytes). Master's thesis, Central Washington University.

Nagel, T. (1974). What is it like to be a bat? Philosophical Review 83: 435–450.

Newen, A., and Bartels, A. (2007). Animal minds and the possession of concepts. Philosophical Psychology 20.3: 283–308.

Nicol, S. C., Andersen, N. A., Phillips, N. H., & Berger, R. J. (2000). The echidna manifests typical characteristics of rapid eye movement sleep. Neuroscience Letters 283.1: 49–52.

Noë, A. (2009). Out of Our Heads: Why You Are Not Your Brain, and Other Lessons from the Biology of Consciousness. New York: Macmillan.

O'Neill, J., Senior, T. J., Allen, K., Huxter, J. R., and Csicsvari, J. (2008). Reactivation of experience-dependent cell assembly patterns in the hippocampus. Nature Neuroscience 11.2: 209–215.

O'Neill, J., Senior, T., and Csicsvari, J. (2006). Place-selective firing of CA1 pyramidal cells during sharp wave/ripple network patterns in exploratory behavior. Neuron 49.1: 143–155.

O'Neill, O. (1997). Environmental values, anthropocentrism and speciesism. Environmental Values 6.2: 127–142.

Occhionero, M., and Cicogna, P. (2016). Phenomenal consciousness in dreams and in mind wandering. Philosophical Psychology 29.7: 958–966.

Ólafsdóttir, H. F., Barry, C., Saleem, A. B., Hassabis, D., and Spiers, H. J. (2015). Hippocampal place cells construct reward related sequences through unexplored space. Elife 4: e06063.

Ólafsdóttir, H. F., Bush, D., and Barry, C. (2018). The role of hippocampal replay in memory and planning. Current Biology 28.1: R37–R50.

Olthof, A., and Roberts, W. A. (2000). Summation of symbols by pigeons (Columba livia): The importance of number and mass of reward items. Journal of Comparative Psychology 114.2: 158.

Pagel, J. F., and Kirshtein, P. (2017). Machine Dreaming and Consciousness. Cambridge: Academic Press.

Pantani, M., Tagini, T., and Raffone, A. (2018). Phenomenal consciousness, access consciousness and self across waking and dreaming: bridging phenomenology and neuroscience. Phenomenology and the Cognitive Sciences 17.1: 175–197.

Pastalkova, E., Itskov, V., Amarasingham, A., and Buzsáki, G. (2008). Internally generated cell assembly sequences in the rat hippocampus. Science 321.5894: 1322–1327.

Pearson, K. A., and Large, D. (2006). The Nietzsche Reader. Hoboken: Blackwell.

Peña-Guzmán, D. M. (2017). Can nonhuman animals commit suicide? Animal Sentience 20.1: 1–24.

———. (2018). Can nondolphins commit suicide? Animal Sentience 20.20: 1–22.

Pepperberg, I. M. (2012). Further evidence for addition and numerical competence by a Grey parrot (Psittacus erithacus). Animal Cognition 15.4: 711–717.

———. (2013). Abstract concepts: Data from a grey parrot. Behavioural Processes 93: 82–90.

Plato. (2000). The Republic. Ferrari, G. (ed.). Cambridge: Cambridge University Press.

Poovey, M. (1998). A History of the Modern Fact: Problems of Knowledge in the Sciences of Wealth and Society. Chicago: University of Chicago Press.

Preston, E. (2019). Was Heidi the octopus really dreaming? New York Times, October 8, 2019.

Ramsey, J. K., and McGrew, W. C. (2005). Object play in great apes. In The Nature of Play: Great Apes and Humans. Pellegrini, A. D., and Smith P. K. (eds.), 89–112. New York: Guilford Press.

Raymond, E. L. (1990). An Examination of Private Signing in Deaf Children in a Naturalistic Environment. Doctoral dissertation, Central Washington University.

Regan, T. (2004). The Case for Animal Rights. Berkeley: University of California Press.

Rescorla, M. (2009). Chrysippus' dog as a case study in non-linguistic cognition. In The Philosophy of Animal Minds, Lurz, R. (ed.), 52–71. Cambridge: Cambridge University Press.

Revonsuo, A. (2000). The reinterpretation of dreams: An evolutionary hypothesis of the function of dreaming. Behavioral and Brain Sciences 23: 877–901.

———. (2005). The self in dreams. In The Lost Self: Pathologies of the Brain and Identity, Feinberg, T. and Keenan, J. P. (eds.), 206–219. Oxford: Oxford University Press.

———. (2006). Inner Presence: Consciousness as a Biological Phenomenon. Cambridge: MIT Press.

Ridley, Matt. (2003). Nature via Nurture: Genes, Experience, and What Makes Us Human. New York: Harper Collins.

Ridley, R. M., Baker, H. F., Owen, F., Cross, A. J., and Crow, T. J. (1982). Behavioural and biochemical effects of chronic amphetamine treatment in the vervet monkey. Psychopharmacology 78.3: 245–251.

Robbins, T. W. (2017). Animal models of hallucinations observed through the modern lens. Schizophrenia Bulletin 43.1: 24–26.

Rock, A. (2004). The Mind at Night: The New Science of How and Why We Dream. New York: Basic Books.

Romanes, G. (1883). Mental Evolution in Animals. London: Kegan Paul Trench & Co.

Rosenthal, D. (1997). A theory of consciousness. In The Nature of Consciousness, Block, N. and Flanagan, O. J. (eds.), 729–754. Cambridge: MIT Press.

———. (2005). Consciousness and Mind. Cambridge: Clarendon Press.

Rotenberg, V. S. (1993). REM sleep and dreams as mechanisms of the recovery of search activity. In The Functions of Dreaming, Moffitt, A., Kramer, M., and Hoffmann, R. (eds.), 261–292. Albany: SUNY Press.

Rowe, K., Moreno, R., Lau, T. R., Wallooppillai, U., Nearing, B. D., Kocsis, B., Quattrochi, J., Hobson, J. A., and Verrier, R. L. (1999). Heart rate surges during REM sleep are associated with theta rhythm and PGO activity in cats. American Journal of Physiology-Regulatory, Integrative and Comparative Physiology 277.3: R843-R849.

Rowlands, M. (2009). Animal Rights: Moral Theory and Practice. London: Palgrave.

San Martín, J., and Peñaranda, M.L.P. (2001). Animal life and phenomenology. In The Reach of Reflection: Issues for Phenomenology's Second Century, Vol.2, Crowell, S., Embree, L., and Julia, S. J. (eds.), 342–363. Boca Raton, Florida: Florida Atlantic University, the Center for Advanced Research in Phenomenology.

Santayana, G. (1940). The Philosophy of George Santayana, Volume 2, Schilpp, P. A. (ed.). New York: Tudor Publishing Company.

Sartre, J. P. (2004). The Imaginary: A Phenomenological Psychology of the Imagination. Hove: Psychology Press.

Schmitt, V., and Fischer, J. (2009). Inferential reasoning and modality dependent discrimination learning in olive baboons (Papio hamadryas anubis). Journal of Comparative Psychology 123: 316.

Searle, J. R. (1998). How to study consciousness scientifically. Philosophical Transactions of the Royal Society of London. Series B: Biological Sciences 353:1935–1942.

Sebastián, M. Á. (2014a). Dreams: An empirical way to settle the discussion between cognitive and non-cognitive theories of consciousness. Synthese 2: 263–285.

———. (2014b). Not a HOT dream. In Consciousness Inside and Out: Phenomenology, Neuroscience, and the Nature of Experience. Brown, R. (ed.), 415–432. New York: Springer.

Shafton, A. (1995). Dream Reader: Contemporary Approaches to the Understanding of Dreams. Albany: SUNY Press.

Shepherd, Joshua. (2018). Consciousness and Moral Status. Oxfordshire: Taylor & Francis.

Shurley, J. T., Serafetinides, E. A., Brooks, R. E., Elsner, R., Kenney, D. W. (1969). Sleep in Cetaceans: I. The pilot whale, Globicephala scammony. Psychophysiology 6: 230.

Siebert, C. (2011). Orphans no more. National Geographic 220.3: 40–65.

Siegel, J. M., Manger, P. R., Nienhuis, R., Fahringer, H. M., and Pettigrew, J. D. (1998). Monotremes and the evolution of rapid eye movement sleep. Philosophical Transactions of the Royal Society of London. Series B: Biological Sciences 353.1372: 1147–1157.

Siegel, J. M., Manger, P. R., Nienhuis, R., Fahringer, H. M., Shalita, T., and Pettigrew, J. D. (1999). Sleep in the platypus. Neuroscience 91.1: 391–400.

Siegel, R. K. (1973). An ethologic search for self-administration of hallucinogens. International Journal of the Addictions 8.2: 373–393.

Siegel, R. K., Brewster, J. M., and Jarvik, M. E. (1974). An observational study of hallucinogen-induced behavior in unrestrained Macaca mulatta. Psychopharmacologia 40.3: 211–223.

Siegel, R. K., and Jarvik, M. E. (1975). Drug-induced hallucinations in animals and man. In Hallucinations: Behavior, Experience and Theory, Siegel R. K. and West, L. J. (eds.), 163–195. Hoboken: John Wiley & Sons.

Siewert, C. (1994). Speaking up for consciousness. In Current Controversies in Philosophy of Mind, Kriegel, U. (ed.), 199–221. New York: Routledge.

———. (1998). The Significance of Consciousness. Princeton: Princeton University Press.

Simondon, G. (2011). Two Lessons on Animal and Man. Minnesota: University of Minnesota Press.

Singer, Peter. (1995). Animal Liberation. New York: Random House.

Smith, J. D. (2009). The study of animal metacognition. Trends in Cognitive Sciences 13.9: 389–396.

Smith, J. D., and Washburn, D. A. (2005). Uncertainty monitoring and metacognition by animals. Current Directions in Psychological Science 14:19–24.

Smith, J. D., Couchman, J. J., and Beran, M. J. (2012). The highs and lows of theoretical interpretation in animal-metacognition research. Philosophical Transactions of the Royal Society B: Biological Sciences 367: 1297–1309.

Solms, M. (2021). The Hidden Spring: A Journey to the Source of Consciousness. New York: WW Norton & Company.

Sosa, E. (2005). Dreams and philosophy. Proceedings and Addresses of the American Philosophical Association 79.2: 7–18.

Sparrow, R. (2010). A not-so-new eugenics: Harris and Savulescu on human enhancement. Asian Bioethics Review 2.4: 288–307.

Stahel, C. D., Megirian, D., and Nicol, S. C. (1984). Sleep and metabolic rate in the little penguin, Eudyptula minor. Journal of Comparative Physiology B 154.5: 487–494.

Starr, Michelle. (2019). Watch the Mesmerising Colour Shifts of a Sleeping Octopus. Online Video. Science Alert, September 27, 2019. https://www.sciencealert.com/watch-the-mesmerising-colour-shifts-of-a-sleeping-octopus.

Stein, E. (1989). Zum problem der einfühlung (On the problem of empathy). Stein, W. (trans.). Washington, DC: ICS Publications.

Steiner, G. (1983). The Historicity of Dreams (Two questions to Freud). Salmagundi 61: 6–21.

Stephan, A. (1999). Are animals capable of concepts? Erkenntnis 51.1: 583–596.

Stone, C. D. (2010). Should Trees Have Standing?: Law, Morality, and the Environment. Oxford: Oxford University Press.

Strawson, G. (2009). Mental Reality, with a New Appendix. Cambridge: MIT Press.

Tayler, C. K., and Saayman, G. S. (1973). Imitative behaviour by Indian Ocean bottlenose dolphins (Tursiops aduncus) in captivity. Behaviour 44: 286–298.

Thomas, N. J. (2014). The multidimensional spectrum of imagination: Images, dreams, hallucinations, and active, imaginative perception. Humanities 3.2:132–184.

Thompson, E. (2007). Mind in Life: Biology, Phenomenology, and the Sciences of Mind. Cambridge: Harvard University Press.

———. (2015). Waking, Dreaming, Being: Self and Consciousness in Neuroscience, Meditation, and Philosophy. New York: Columbia University Press.

Uller, C., and Lewis, J. (2009). Horses (Equus caballus) select the greater of two quantities in small numerical contrasts. Animal Cognition 12.5: 733–738.

Underwood, E. (2016). Do sleeping dragons dream? Science Magazine. April 28, 2016. https://www.sciencemag.org/news/2016/04/do-sleeping-dragons-dream.

Uexküll, J. (2013). A Foray into the Worlds of Animals and Humans: With a Theory of Meaning. Minnesota: University of Minnesota Press.

Valatx, J. L., Jouvet, D., and Jouvet, M. (1964). EEG evolution of the different states of sleep in the kitten. Electroencephalography and Clinical Neurophysiology

17.3: 218–233.

Van Cantfort, T. E., Gardner, B. T., and Gardner, R. A. (1989). Teaching Sign Language to Chimpanzees. Albany: SUNY Press.

Van der Kolk, B. (2015). The Body Keeps the Score: Brain, Mind, and Body in the Healing of Trauma. London: Penguin.

Van Twyver, H., and Allison, T. (1972). A polygraphic and behavioral study of sleep in the pigeon (Columba livia). Experimental Neurology 35.1: 138–153.

Vanderheyden, W. M., George, S. A., Urpa, L., Kehoe, M., Liberzon, I., and Poe, G. R. (2015). Sleep alterations following exposure to stress predict fear-associated memory impairments in a rodent model of PTSD. Experimental Brain Research 233.8: 2335–2346.

Varela, F. J. (1999). The specious present: A neurophenomenology of time consciousness. In Naturalizing Phenomenology, Petitot, J., Varela, F. J., Pachoud, B., & Roy, J.-M. (eds.), 266–314. Palo Alto: Stanford University Press.

Visanji, N. P., Gomez-Ramirez, J., Johnston, T. H., Pires, D., Voon, V., Brotchie, J. M., and Fox, S. H. (2006). Pharmacological characterization of psychosis-like behavior in the MPTP-lesioned nonhuman primate model of Parkinson's disease. Movement Disorders: Official Journal of the Movement Disorder Society 21.11: 1879–1891.

Voltaire. (1824). Imagination. In A Philosophical Dictionary, Hunt, J., & Hunt, H. L. (eds.), 116–124. New York: Alfred A. Knopf.

Vonk, J., and Beran, M. J. (2012). Bears "count" too: Quantity estimation and comparison in black bears, Ursus americanus. Animal Behaviour 84.1: 231–238.

Voss, U. (2010). Lucid dreaming: Reflections on the role of introspection. International Journal of Dream Research 3.1: 52–53.

Voss, U., and Hobson, A. (2014). What is the state-of-the-art on lucid dreaming? Recent advances and questions for future research. In Open MIND, Metzinger, T. &Windt, J. M. (eds.), 38(T). Frankfurt: MIND Group.

Walker, J. M., and Berger, R. J. (1972). Sleep in the domestic pigeon (Columbalivia). Behavioral Biology 7.2: 195–203.

Walsh, R. N., and Vaughan, F. (1992). Lucid dreaming: Some transpersonal implications. Journal of Transpersonal Psychology 24: 19.

Walton, K. L. (1990). Mimesis as Make-believe: On the Foundations of the

Representational Arts. Cambridge: Harvard University Press.

Warren, M. A. (1997). Moral Status: Obligations to Persons and Other Living Things. Cambridge: Clarendon Press.

Watanabe, S., and Huber, L. (2006). Animal logics: Decisions in the absence of human language. Animal Cognition 9.4: 235–245.

West, R. E., and Young, R. J. (2002). Do domestic dogs show any evidence of being able to count? Animal Cognition 5.3: 183–186.

Willett, C. (2014). Interspecies Ethics. New York: Columbia University Press.

Windt, J. M. (2010). The immersive spatiotemporal hallucination model of dreaming. Phenomenology and the Cognitive Sciences 9: 295–316.

Windt, J. M. (2015). Dreaming: A Conceptual Framework for Philosophy of Mind and Empirical Research. Cambridge: MIT Press.

Windt, J. M., and Metzinger, T. (2007). The philosophy of dreaming and self-consciousness: What happens to the experiential subject during the dream state. In The New Science of Dreaming, Volume 3: Cultural and Theoretical Perspectives, Barrett, D., and McNamara, P. (eds.), 193–247. Westport: Praeger Publishers.

Windt, J. M., and Voss, U. (2018). Spontaneous thought, insight, and control in lucid dreams. In The Oxford Handbook of Spontaneous Thought: Mind-Wandering, Creativity, and Dreaming, Fox, K., and Christoff, K. (eds), 385–410. Oxford: Oxford University Press.

Wittgenstein, L. (1958). Philosophical Investigations. Anscombe, GEM (trans.). Oxford: Oxford University Press.

Wolfe, C. (2013). Learning from Temple Grandin, or, animal studies, disability studies, and who comes after the subject. In Re-Imagining Nature, Environmental Humanities and Ecosemiotics, Carey, J., Cohen, J. J., Faull, K. M., Maran, T., Moran, D., Oleksa, M., Radding, C., Reese, S., Shanley, K. W., and Wolfe, C. (eds.), 91–107. Lewisburg: Bucknell University Press.

Yu, B., Cui, S. Y., Zhang, X. Q., Cui, X. Y., Li, S. J., Sheng, Z. F., Cao, Q., Huang, Y. L., Xu, Y. P., Lin, Z. G., and Yang, G. (2015). Different neural circuitry is involved in physiological and psychological stress-induced PTSD-like "nightmares" in rats. Scientific Reports 5.1: 1–14.

———. (2016). Mechanisms underlying footshock and psychological stress-induced abrupt awakening from posttraumatic "nightmares." International Journal of Neuropsychopharmacology 19: 1–6.

Zahavi, D. (2014). Self and Other: Exploring Subjectivity, Empathy, and Shame. Oxford: Oxford University Press.

Zepelin, H. (1994). Mammalian Sleep. In Principles and Practice of Sleep Medicine, Kryger, M. H., Roth, T., and Dement, W. C. (eds.), 69–80. Philadelphia: W.B. Saunders Company.

Zhang, Q. (2009). A computational account of dreaming: Learning and memory consolidation. Cognitive Systems Research 10.2: 91–101.

译后记

虽然笔者从1961年参加工作之后就一直从事和神经科学有关的教学和研究工作，而在2004年退休前几年开始又对意识问题感兴趣，也翻译了几本有关意识的名著，但是从来没有对有关梦的问题认真读过什么书，更不要说有关动物梦的书了（事实上在本书原作出版之前，也几乎没有专门以此为主题的书），所以当上海科学技术出版社的王娜编辑邀约笔者翻译此书时，笔者既对这个主题感到好奇，又不确定此书的内容是否足够科学，由于受到"他者心智"问题的影响，先入为主地想到我们对他人的心智内容尚且不能完全分享，我们又怎样研究动物的梦呢？是否仅仅只是些猜测之词或现象的描述，甚至是街谈巷议的猎奇之词呢？另外对于自己能否胜任翻译也没有充分把握，所以就请王娜编辑先把原作发给笔者浏览一下再定。

及至将书拿到手后，浏览了一下才发现此书确实是本好书，作者首先从行为学、电生理学和功能神经解剖学三个方面收集了大量的证据，一致地支持动物也会做梦的观点。虽然如果只有任何一个单独的例子都不足以令人相信动物也会做梦，但是这样多方面的大量证据，就大概率地支持许多动物确实也会做梦的想法。按照科学哲学家波普尔的说法，科学本来就不能"证明"某个假设，而只能通过实践以大量事实支持某个假设，或者以某个确凿无疑的事实证伪某个假设。本书作者正是以大量事实多方面地支持了动物也会做梦的思想。接着作者指出光是数据并不足以探索动物梦之谜，还需要提高到哲学的高度，提出合理的解释。会做梦说明这些动物也有意识，由于做梦时动物并没有受到外界刺激，因此这种意识的根源必定是内源性的，而且梦见的并不是对现实中经历的重复，而是一种构建，表明这些动物也能想象，有它们自己的、不同于我们人类的内心世界。这样的话，我们必须改变原来绝大多数人对动物的藐视态度，重新考虑我们对它们应有的态度。最后作者论证拥有道德地位的基础是具有感知意识，而非一定要有理性（进入意识），从而得出动物也应该具有道德地位的结论。当然，这可能是一个见仁见智的问题，未必能完全从科学的角度加以解读。作者以能推理的机器人并不具有道德地位作为论据似也不能令人信服，因为这样的机器人并无意识。现在也没有存在只有进入意识而没有感知意识的动物的证据。笔者也可以争论说只有既有感知意识又有进入意识的生物才具有道德地位，为什么不呢？总之，不同的人可以有完全不同的看法，这取决于他们的立场，而与科学无关。但是无论如何作者的见解都有他的根据，即使是不同意他意见的人，也应该认真思考他的论断。总体上说，全书可谓一环扣一环，既趣味盎然，又立论严谨。此书可以说是从科学开始经哲学到伦理学收尾，专题讨论动物梦的开山巨著。这样笔者就不揣冒昧，大胆地把任务接受了下来。

一旦开始翻译才体会翻译此书之难，这不仅是由于笔者脑中缺乏不少作者脑中知识库中的知识，有些内容，特别是作者的言外之意并非只从字面上就能翻译出来，而需要译者真正读懂之后才能原汁原味地把作者的意思表达出来，为此译者首先需要查找资料补充自己脑中知识库的不足。其次需要反复阅读，把作者的话放到全书的语境，甚至这一研究领域的语境中才能理解。所以译者一如既往，先是译出一个"草草稿"，作为靶标，在初步通读完全书之后，再逐段对照原作反复琢磨，把每句话放到大语境中去理解，在此过程中果然发现了"草草稿"中的许多翻译不恰当，甚至有不少误译之处。在经过这样的修订得出草稿，然后译者再把自己放到读者的地位上去阅读草稿，看自己读的时候是否能读得懂每句话的意思，如果依然发现有"不知所云"或"疑窦丛生"之处，就再对这些地方对照原文，仔细琢磨，这样才形成初稿。即使这样，限于译者的知识水平和英语水平，依然有些没有把握的句子，只能直接向原作者请教，然后根据原作者的解答逐一修改。笔者希望通过这几轮修订，能尽量得出一个尽可能"信"而又"达"的初稿，送出版社编辑把关。尽管这样，笔者不敢说译文中就没有任何错误或曲解作者原意之处，期望读者的批评指正。虽然读者手中没有原著，但是至少可以判断译文中有些地方是否有"不知所云"或"疑窦丛生"之感，如果有，那么这些地方就有可能是翻译有错，或至少是表达不清之处。

  翻译此书的另一个难点是，作者的文风相当活泼，常常带有隐喻的含义，使得读起来更为生动。不过这一切都对翻译带来挑战，一方面有些术语是新的，以译者的孤陋寡闻，又不太熟悉哲学和心理学，特别是伦理学，不知道国内是否已经有了约定俗成的标准译法，因此只能按照自己的理解，找个适当的词来表达；另一方面，书中有许多近义词，其意义相当接近，但是又略有区别，这在目前国内的翻译中并没有统一的标准翻译方法，因此译者只能根据自己的理解和看到的国内的一些译者比较同意的翻译方法，用不同的词来表达。比如将 sensension 译为"感觉"，perception 译为"知觉"，feeling 译为"感受"

（强调其有觉知的因素），emotion 译为"情绪"，affective 译为"情感"。又如，由于把 lucid dream 译为"清醒梦"，所以对 waking、waked、awake 等就都译成了"觉醒"或"醒着时"（相对于睡着时，因为做"清醒梦"时动物是睡着的），而不译成"清醒"。如此等等。一般说来，在这些词第一次出现时，特别是需要特别说明的场合，译者都在其后加注了原文，使读者明白译者用词的原文，不至于因译者体会不对，而误导读者。

另外，正如我国著名语言学前辈吕叔湘先生所说的深刻的大白话："英语不是汉语。"英语词汇的意义和汉语词汇并没有一一对应关系，同一个英语词汇在不同上下文的语境之中需要用不同汉语词汇来翻译，尽管有时它们之间的意思比较相近，但是汉语的表达习惯还是有所不同，另外，也有必须用不同的汉语词汇表达不同意思的情况，因此例如 experience 有时译为"体验"以强调其主观的一面，有时则译为"经历"，也有译为"经验"的。Mind 一般译为"心智"，也偶然有译成"心灵"甚至"头脑"的。Mental 可译为精神、内心或心理，是一个和肉体相对立的词，译者多译为"内心"，例如把 mental state 译成"内心状态"而非"精神状态"（这是因为笔者觉得在日常生活中我们讲到一个人的"精神状态"，往往是指他的精神面貌，是情绪高昂还是萎靡不振，这和这里的意思不大一样），但是有时在汉语中"精神"一词也有和肉体相对立的意思，而在某些场合用"精神"来翻译"mental"，译者觉得读起来更清楚一点，不过究竟怎么译，在本译本中只能按照符合译者的习惯来翻译。当然，用"内心"来翻译"mental"也有其问题，有些不同的英语词汇如 interiority、inner 笔者也译成了"内心"以强调其主观、内在的一面（与外在相对而言）。这样的翻译是否完全恰当，笔者并无十足的把握，或许这是个见仁见智的问题，一时难于下结论，笔者所希望的是读者不至于由此而误解了作者的原意。

译后记

  一般说来，中译本中的误译泰半是由于译者自己没有读懂原著，仅仅像机器翻译一样，或者按照语法规则和自己对句中每个英语词汇最熟悉的中文解说堆砌起来，而没有理解句子的意思究竟在说什么。由于笔者在前面提到过的，作者常常用了隐喻的说法，某些词很难在各种词典中找到在当前上下文的语境中的恰当的汉语词汇，此时译者只能根据自己的理解做了意译，虽然笔者自以为是读懂了，但是是否和作者的原意有所出入，这是笔者没有十分把握的，对这种地方，笔者列出了一张包括65个问题的清单，把笔者的理解写清楚，发给外方请其一一核查。感谢原书作者不嫌其烦，对清单一一作答，这才使笔者有勇气说译文极少误译（是否有漏网之鱼，笔者不敢说）。当然，笔者也要感谢上海科学技术出版社和王娜编辑邀请翻译此书，使我得以先读为快，更要感谢王娜编辑的精心编辑和把关，才使本书能以现在这样的面貌出现在读者面前。如果读者发现其中还有什么错误的话，那就像原书作者所说的那样，一切不足之处都是笔者的错。

顾凡及

2023年4月2日于复旦大学

科学新视角丛书

《深海探险简史》
[美]罗伯特·巴拉德 著 罗瑞龙 宋婷婷 崔维成 周 悦 译
本书带领读者离开熟悉的海面,跟随着先驱们的步伐,进入广袤且永恒黑暗的深海中,不畏艰险地进行着一次又一次的尝试,不断地探索深海的奥秘。

《不论:科学的极限与极限的科学》
[英]约翰·巴罗 著 李新洲 徐建军 翟向华 译
本书作者不仅仅站在科学的最前沿,谈天说地,叙生述死,评古论今,而且也从文学、绘画、雕塑、音乐、哲学、逻辑、语言、宗教诸方面围绕知识的界限、科学的极限这一中心议题进行阐述。书中讨论了许许多多的悖论,使人获得启迪。

《人类用水简史:城市供水的过去、现在和未来》
[美]戴维·塞德拉克 著 徐向荣 译
人类城市文明的发展史就是一部人类用水的发展史,本书向我们娓娓道来2500年城市水系统发展的历史进程。

《万物终结简史:人类、星球、宇宙终结的故事》
[英]克里斯·英庇 著 周 敏 译
本书视角宽广,从微生物、人类、地球、星系直到宇宙,从古老的生命起源、现今的人类居住环境直至遥远的未来甚至时间终点,从身边的亲密事物、事件直至接近永恒以及永恒的各种可能性。

《耕作革命——让土壤焕发生机》
[美]戴维·蒙哥马利 著 张甘霖 译
当前社会人口不断增长,土地肥力却在不断下降,现代文明再次面临粮食危机。本书揭示了可持续农业的方法——免耕、农作物覆盖和多样化轮作。这三种方法的结合,能很好地重建土地的肥力,提高产量,减少污染(化学品的使用),并且还可以节能减排。

《与微生物结盟——对抗疾病和农作物灾害新理念》
[美]艾米莉·莫诺森 著 朱 书 王安民 何恺鑫 译
亲近自然,顺应自然,与自然合作,才能给人类带来更加美好的可持续发展的未来。

《理化学研究所:沧桑百年的日本科研巨头》
[日]山根一眞 著 戎圭明 译
理化学研究所百年发展历程,为读者了解日本的科研和大型科研机构管理提供了有益的参考。

《纯科学的政治》
[美]丹尼尔·S.格林伯格 著 李兆栋 刘 健 译 方益昉 审校
基于科学界内部以及与科学相关的诸多人的回忆和观点,格林伯格对美国科学何以发展壮大进行了厘清,从中可以窥见美国何以成为世界科学中心,对我国的科学发展、科研战略制定、科学制度完善和科学管理有借鉴意义。

《大湖的兴衰:北美五大湖生态简史》
[美]丹·伊根 著 王 越 李道季 译
本书将五大湖史诗般的故事与它们所面临的生态危机及解决之道融为一体,是一部具有里程碑意义的生态启蒙著作。

《一个人的环保之战：加州海湾污染治理纪实》
［美］比尔·夏普斯蒂恩 著 杜 燕 译
从中学教师霍华德·本内特为阻止污水污泥排入海湾而发起运动时采取的造势行为，到"治愈海湾"组织取得的持续成功，本书展示了公民活动家的关心和奉献精神仍然是各地环保之战取得成功的关键。

《区域优势：硅谷与128号公路的文化和竞争》
［美］安纳李·萨克森尼安 著 温建平 李 波 译
本书透彻描述美国主要高科技地区的经济和技术发展历程，提供了全新的见解，是对美国高科技领域研究文献的一项有益补充。

《写在基因里的食谱——关于基因、饮食与文化的思考》
［美］加里·保罗·纳卜汉 著 秋 凉 译
这一关于人群与本地食物协同演化的探索是如此及时……将严谨的科学和逸闻趣事结合在一起，纳卜汉令人信服地阐述了个人健康既来自与遗传背景相适应的食物，也来自健康的土地和文化。

《解密帕金森病——人类200年探索之旅》
［美］乔恩·帕尔弗里曼 著 黄延焱 译
本书引人入胜的叙述方式、丰富的案例和精彩的故事，展现了人类征服帕金森病之路的曲折和探索的勇气。

《性的起源与演化——古生物学家对生命繁衍的探索》
［美］约翰·朗 著 蔡家琛 崔心东 廖俊棋 王雅婧 译 卢 静 朱幼安 审校
哺乳动物的身体结构和行为大多可追溯到古生代的鱼类，包括性的起源。作为一名博学的古鱼类专家，作者用风趣幽默的文笔将深奥的学术成果描绘出一个饶有兴味的进化故事。

《巨浪来袭——海面上升与文明世界的重建》
［美］杰夫·古德尔 著 高 抒 译
随着全球变暖、冰川融化，海面上升已经是不争的事实。本书是对这场即将到来的灾难的生动解读，作者穿越12个国家，聚焦迈阿密、威尼斯等正受海面上升影响的典型城市，从气候变化前线发回报道。书中不仅详细介绍了海面上升的原因及其产生的后果，还描述了不同国家和人们对这场危机的不同反应。

《人为什么会生病：人体演化与医学新疆界》
［美］杰里米·泰勒（Jeremy Taylor）著 秋 凉 译
本书视角新颖，以一种全新而富有成效的方式追溯许多疾病的根源，从而使我们明白人为什么会易患某些疾病，以及如何利用这些知识来治疗或预防疾病。

《法拉第和皇家研究院——一个人杰地灵的历史故事》
［英］约翰·迈里格·托马斯（John Meurig Thomas）著 周午纵 高 川 译
本书以科学家的视角讲述了19世纪英国皇家研究院中发生的以法拉第为主角的一些人杰地灵的故事，皇家研究院浓厚的科学和文化氛围滋养着法拉第，法拉第杰出的科学发现和科普工作也成就了皇家研究院。

《第6次大灭绝——人类能挺过去吗》
［美］安娜莉·内维茨（Annalee Newitz）著 徐洪河 蒋青 译
本书从地质历史时期的化石生物故事讲起，追溯生命如何度过一次次大灭绝，以及人类走出非洲的艰难历程，探讨如何运用科技和人类的智慧，应对即将到来的种种灾难，最后带领读者展望人类的未来。

《不完美的大脑：进化如何赋予我们爱情、记忆和美梦》
［美］戴维·J. 林登（David J. Linden）著 沈颖 等译
本书作者认为人脑是在长期进化过程中自然形成的组织系统，而不是刻意设计的产物，他将脑比作可叠加新成分的甜筒冰淇淋！并以这一思路为主线介绍了大脑的构成和基本发育，及其产生的感觉和感情等，进而描述脑如何支配学习、记忆和个性，如何决定性行为和性倾向，以及脑在睡眠和梦中的活动机制。

《国家实验室：美国体制中的科学（1947—1974）》
［美］彼得·J. 维斯特维克（Peter J. Westwick）著 钟扬 黄艳燕 等译
本书通过追溯美国国家实验室在美国科学研究发展中的发展轨迹，使读者领略美国国家实验室体系怎样发展成为一种代表美国在冷战时期竞争与分权的理想模式，对了解这段历史所折射出的研究机构周围的政治体系及文化价值观具有很好的参考价值。

《生活中的毒理学》
［美］史蒂芬·G. 吉尔伯特（Steven G. Gilbert）著 顾新生 周志俊 刘江红 等译
本书通俗而简洁地介绍了日常生活中可能面临的来自如酒精、咖啡因、尼古丁等常见化学物质，及各类重金属、空气或土壤中污染物等各类毒性物质的威胁，让我们有所警觉、保护自己的健康。讲述了一些有关的历史事件及其背后的毒理机制及监管标准的由来，以及对化学品进行危险度评估与管理的方法与原则。

《恐惧的本质：野生动物的生存法则》
［美］丹尼尔·T. 布卢姆斯坦（Daniel T. Blumstein）著 温建平 译
完全没有风险的生活是不存在的，通过阅读本书，你会意识到为什么恐惧成就了我们人类，以及如何通过克服恐惧，更好地了解自己、改善我们的生活。

《动物会做梦吗：动物的意识秘境》
［美］戴维·培尼亚-古斯曼（David M. Peña-Guzmán）著 顾凡及 译
人类是地球上唯一会做梦的生物吗？当动物睡着时头脑里究竟发生了什么？研究动物梦对于我们来说又有什么意义呢？通过阅读本书，您将进入非人类意识的奇异世界，转变对待动物的态度，开启美妙的科学探索之旅。